絶対わかる 分析化学

齋藤勝裕 + 坂本英文 著
Saito Katsuhiro　Sakamoto Hidefumi

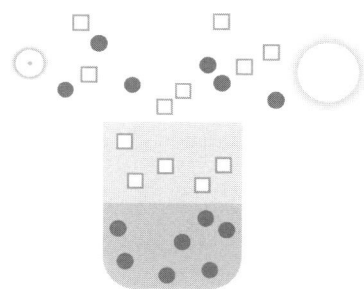

講談社サイエンティフィク

目　　　次

はじめに　v

第 I 部　基礎理論　1

1　濃度と活量　……………………………………………………………2
- *1*　溶解　2
- *2*　濃度　4
- *3*　電解質　6
- *4*　平衡　8
- *5*　イオン強度　10
- *6*　活量　12
- コラム：溶解　14

第 II 部　平衡論　15

2　酸と塩基　………………………………………………………………16
- *1*　アレニウスの定義　16
- *2*　ブレンステッドの定義　18
- *3*　ルイスの定義　20
- *4*　硬い酸・塩基と軟らかい酸・塩基　22
- *5*　水素イオン指数　24
- *6*　酸・塩基解離定数　26
- *7*　中和と塩　28
- *8*　中和滴定　30
- *9*　緩衝溶液　32

3　沈殿平衡　………………………………………………………………34
- *1*　沈殿平衡　34
- *2*　溶解度積　36
- *3*　イオンの効果　38
- *4*　pH の影響　40
- *5*　沈殿滴定　42
- コラム：CdS の溶解度に対する水素イオンの影響　44

4 定性分析 ……………………………………………………………………… 46

- *1* 分属　*46*
- *2* 第1属の同定　*48*
- *3* 第2属の同定①（A系統の同定・前半）　*50*
- *4* 第2属の同定②（A系統の同定・後半およびB系統の同定）　*52*
- *5* 第3属の同定　*54*
- *6* 第4属の同定　*56*
- *7* 第5属，第6属の同定　*58*
- コラム：炎色反応　*50*
- コラム：定性分析　*54*
- コラム：定性分析に用いる実験器具　*56*

5 錯形成平衡 ……………………………………………………………… 60

- *1* 配位結合と錯体　*60*
- *2* 錯体の基礎と溶媒和　*62*
- *3* 錯形成反応　*64*
- *4* 生成定数　*66*
- *5* 錯形成平衡　*68*
- *6* キレート効果　*70*
- *7* 副反応　*72*
- *8* 副反応と生成定数　*74*

6 酸化・還元 ……………………………………………………………… 76

- *1* 酸化・還元　*76*
- *2* 酸化数　*78*
- *3* イオン化傾向　*80*
- *4* イオン化とエネルギー　*82*
- *5* 電池　*84*
- *6* 起電力　*86*
- *7* ネルンストの式　*88*
- *8* 酸化還元滴定　*90*
- コラム：イオン化傾向の覚え方　*82*
- コラム：電池　*92*

第III部　定量分析　*93*

7 重量分析 ………………………………………………………………… 94

- *1* 重量分析の種類　*94*
- *2* 沈殿重量分析法　*96*
- *3* 沈殿の純度　*98*
- *4* 高純度沈殿の作製　*100*
- *5* 沈殿の秤量　*102*

8 容量分析 ……………………………………………………………… 104

- *1* 測容器　*104*
- *2* 標準溶液　*106*
- *3* 酸塩基滴定（中和滴定）　*108*
- *4* 沈殿滴定　*110*

- 5 キレート滴定 *112*
- 6 キレート滴定の滴定曲線と終点 *114*
- 7 酸化還元滴定 *116*

9 電気化学分析 ... *118*
- 1 基本原理 *118*
- 2 電位差分析法 *120*
- 3 電位差滴定 *122*
- 4 ポーラログラフィー *124*
- 5 サイクリックボルタンメトリー *126*
- 6 電気泳動 *128*
- コラム：染料 *130*

第 IV 部 分離・精製と機器分析 *131*

10 抽出・蒸留・再結晶 ... *132*
- 1 抽出 *132*
- 2 溶媒抽出 *134*
- 3 相図 *136*
- 4 蒸留 *138*
- 5 共沸 *140*
- 6 再結晶 *142*
- コラム：式を導いてみよう *134*
- コラム：試料の脱水 *140*

11 クロマトグラフィー ... *144*
- 1 ペーパークロマトグラフィー *144*
- 2 カラムクロマトグラフィー *146*
- 3 ガスクロマトグラフィー *148*
- 4 液体クロマトグラフィー *150*
- 5 イオン交換クロマトグラフィー *152*
- コラム：カラム *150*

12 機器分析 ... *154*
- 1 光とエネルギー *154*
- 2 紫外可視分光法 *156*
- 3 スペクトル解析 *158*
- 4 蛍光分析・りん光分析 *160*
- 5 赤外分光法 *162*
- 6 核磁気共鳴分光法 *164*
- 7 質量分析法 *166*
- 8 原子吸光分析法 *168*
- コラム：ラマンスペクトル *168*
- コラム：GC の用途 *170*

付録　データの取り扱い ... *171*
- 1 正確さと精度 *172*
- 2 有効数字 *174*
- 3 誤差 *176*
- 4 標準偏差 *178*
- 5 最小二乗法 *180*

索引 *182*

はじめに

　「絶対わかるシリーズ」の一環として「絶対わかる分析化学」をお届けする．分析化学を扱った書籍は多くあるが，その中でここに本書をお届けするのは，ご好評を頂いている「絶対わかるシリーズ」の一環としてふさわしい本ができたとの納得がいったからである．

　本書はわかりやすく楽しいという「絶対わかるシリーズ」のコンセプトを貫くものである．読者の皆さんに余計な努力や覚え込みを強いることは決してない．本当に必要なことだけがクッキリとライトアップされて浮かび上がる．本書の導くままページをめくっていただければ，待っているのは分析化学に関する完全理解である．

　学問に王道なしとはよく言われるとおりである．確かにそのとおりであろう．しかし，勉強にも王道はないのだろうか？　道にぬかるみの道もカラー舗装の道もあるのと同様，勉強にももっと合理的な道があるのではないか．同じ努力をするにしても，もっと合理的な努力があるのではないか．「絶対わかるシリーズ」はこのような疑問をもとに編集された，学部1年生から3年生向けのシリーズである．

　「絶対わかる」とは著者の側から言えば，「絶対わかってもらう」「絶対わからせる」という決意表明でもある．手に取ってもらえばおわかりのように，本書は右ページは説明図だけであり，左ページは説明文だけである．そしてすべての項目について2ページ完結になっている．その2ページに目を通せば，その項目については完全に理解できる．説明図は工夫を凝らしたわかりやすいものである．説明文は簡潔を旨とした，これまたわかりやすいものである．

　説明は詳しくて丁寧であれば良いというものでは決してない．説明される人が理解できるのが良い説明なのである．聞いている人が理解できない説明は，少なくともその人にとっては何の価値もない．

　本シリーズを読んだ読者はまず，わかりやすさにびっくりすると思う．そして化学はこんなに単純で，こんなに簡単なものだったのかとびっくりするのではないだろうか．その通りである．学問の神髄は単純で簡単である．

著者が強調したいのは，若い読者の年代においては単純明快な理論体系をしっかりと身に付けてもらいたいということである．

　本シリーズで育った若い諸君がいつの日か，日本の，いや，世界の化学をリードする研究者に育つことを願ってやまない．

　浅学非才の身で，思いばかり先走る結果，思わぬ誤解，誤謬があるのではないかと心配している．お気づきの点など，どうぞご指摘いただけたら大変有り難いことと存じる次第である．

　最後に，本シリーズ刊行に当たり，お世話を頂いた講談社サイエンティフィク，沢田静雄氏と五味研二氏に深く感謝申し上げる．

平成 19 年 6 月

著者を代表して　齋藤勝裕

　参考にさせていただいた書名を挙げ，感謝申し上げる．
田中元治，中川元吉，定量分析の化学，朝倉書店（1987）
赤岩英夫，柘植新，角田欣一，原口紘炁，分析化学，丸善（1991）
梅沢喜夫，分析化学，岩波書店（1998）
澤田清，山田眞吉，よくある質問 分析化学の基礎，講談社（2005）
基礎錯体工学研究会，新版錯体化学，講談社（2002）
齋藤勝裕，決定版！やさしい分析化学，講談社（2006）
齋藤勝裕，絶対わかる物理化学，講談社（2003）
齋藤勝裕，絶対わかる無機化学，講談社（2003）
齋藤勝裕，絶対わかる有機スペクトル解析，講談社（2007）
齋藤勝裕，はじめての物理化学，培風館（2005）
齋藤勝裕，長谷川美貴，無機化学，東京化学同人（2003）
齋藤勝裕，物理化学，東京化学同人（2003）
齋藤勝裕，物理化学，ナツメ社（2007）

第Ⅰ部 基礎理論

1章 濃度と活量

　化学は物質を扱う科学である．ヘリウムのようにただ1種類の原子から構成される物質もあれば，水のようにただ1種類の分子から構成される物質もある．しかし多くの場合，物質はたくさんの化合物，すなわち分子の混合物である．分析化学は，物質をその構成要素である各分子に分離し，その量を決定し，それを構成する原子を特定し，さらに各分子の間の関係を明らかにする学問である．

　化学は，物質の構造とその挙動を明らかにする学問である．その意味で，混合物である物質を構成要素に分離し，それらを同定する分析化学は，化学の基礎的な部分を担うたいせつな分野である．一方，分子の構造を決定し，その関係を明らかにする技術は，物理化学，無機化学，有機化学の理論体系に基づくものでもあり，分析化学は応用的な化学であるともいえる．

　ここでは，分析化学の基礎となる，濃度と活量について見ていこう．

第1節　溶解

　溶液は溶媒と溶質からなる．溶かす側の物質を溶媒といい，溶かされる側の物質を溶質という．食塩水であれば，水が溶媒であり，食塩が溶質である．溶質が溶媒に溶けることを溶解という．

　一般的には，砂糖も小麦粉も，水に溶けるという．しかし化学的には，砂糖は水に溶けるが，小麦粉は水に溶けるとはいわない．化学的に「溶ける」という場合には，物質が各構成分子へばらばらになり，その分子が溶媒に囲まれているような状態をいう．**溶質分子が溶媒分子に取り囲まれることを溶媒和という．**溶媒が水である場合の溶媒和を特に**水和**という．

　図1-1は，水の分子構造である．水は，水素部分がプラスに分極し，酸素部分がマイナスに分極した極性分子である．そのため，溶質が極性分子である場合には，溶質のプラス部分に酸素，マイナス部分に水素を近づけて水和することになる．**また，溶質が電気的に中性である場合には，ファンデルワールス力などの分子間力によって相互作用して水和する．**

濃度と活量

化学の殿堂
殿堂の基礎
分析化学

こころばかりですが
ボクもレンガを
1コ

溶解

δ−
O
δ+
H
δ+
H
δ−
O
δ+
H
δ+
H
水素結合

溶質分子
δ+
δ−
ボクもヒマワリの
タネに囲まれ
タイナー
ハムデス
ヨロシクー！

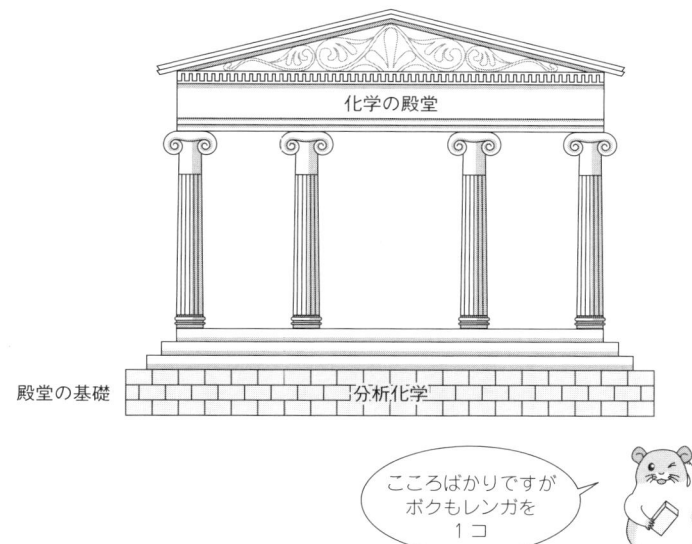

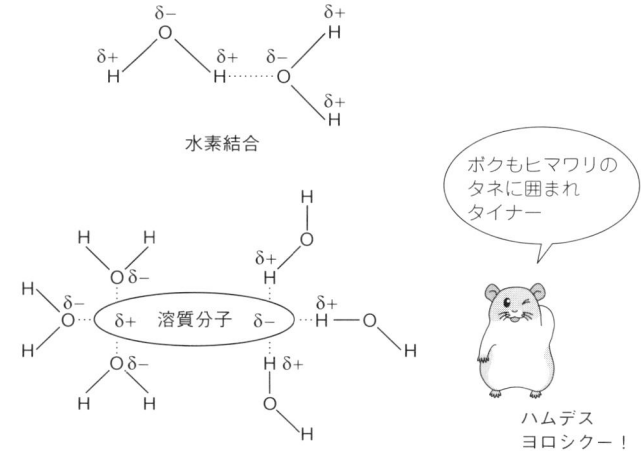

図 1-1

 濃度

　現代化学は定量の化学である．相互作用する物質の間の量関係が重要になる．物質の基本となる量は質量，体積，濃度である．化学で扱う濃度には，いくつかの種類がある．

1 モル濃度（単位：mol/L）

　溶液 1 L 中に含まれる溶質のモル数をモル濃度という．スクロース（砂糖，ショ糖）を水に溶かしたスクロース水溶液で考えてみよう．スクロースの分子式は $C_{12}H_{22}O_{11}$ で，分子量は 342 である．したがって，34.2 g，0.100 mol のスクロースに水を加えて 1 L の溶液にすれば，濃度は 0.100 mol/L となる．

　作り方は図 1-2 に示したとおりである．すなわち，容量 1 L のメスフラスコにスクロース 34.2 g を入れ，そこに水を加えて全体量を 1 L にすればよい．なお，固体を正確に量り取るためには秤量瓶を用いるとよい．

$$モル濃度（mol/L）＝ 溶質モル数（mol）／ 溶液体積（L）$$

2 質量モル濃度（単位：mol/kg）

　溶媒 1 kg 中に含まれる溶質のモル数を質量モル濃度という．34.2 g，0.100 mol のスクロースをビーカーに入れ，そこに 1 kg の水を加えれば，0.100 mol/kg のスクロース水溶液となる．

$$質量モル濃度（mol/kg）＝ 溶質モル数（mol）／ 溶媒質量（kg）$$

3 モル分率（単位：無名数）

　溶質のモル数を溶質と溶媒のモル数の和で割った値をモル分率という．0.010 モル分率のスクロース水溶液を作るには，34.2 g，0.100 mol のスクロースを 178.2 g，9.900 mol の水（分子量：18）に溶かせばよい．

$$モル分率 ＝ 溶質モル数 ／（溶質モル数 ＋ 溶媒モル数）$$

4 質量百分率（単位：％）

　溶質の質量を溶液の質量で割って 100 倍した値を質量百分率という．

$$質量百分率（\%）＝ 溶質質量（g）／ 溶液質量（溶質 ＋ 溶媒）（g）× 100$$

モル濃度

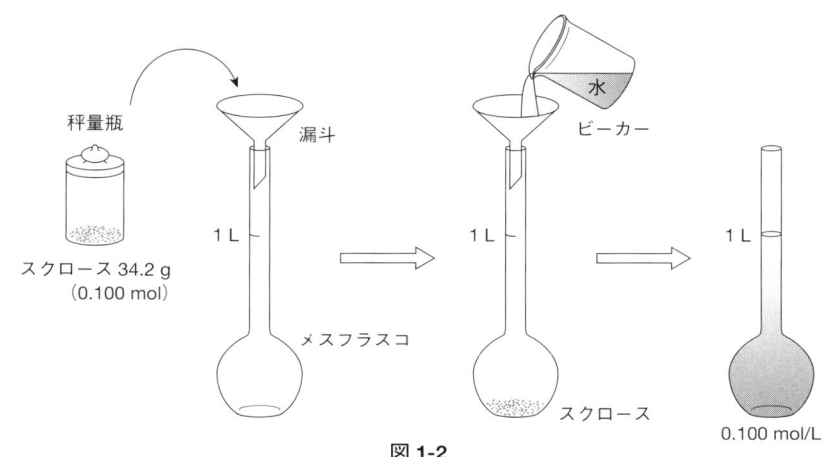

図 1-2

質量モル濃度

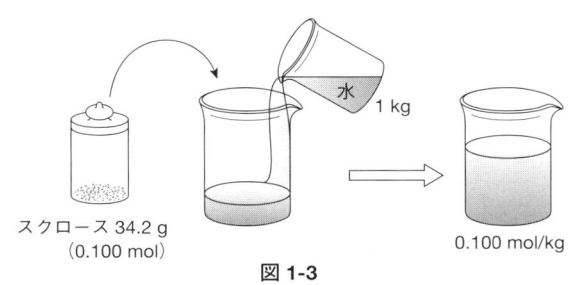

図 1-3

モル分率

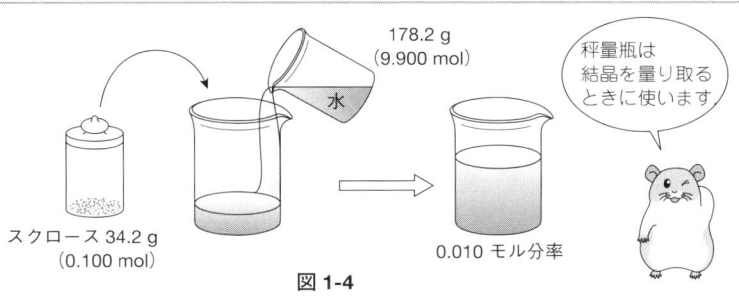

図 1-4

第3節 電解質

　溶解すると，プラスのイオン（陽イオン）とマイナスのイオン（陰イオン）に分離するものを電解質という．電解質では，溶解する前は1個の分子（イオン対）であったものが，溶解した後は複数個のイオンになる．

1 電離

　反応式1は，電解質ABが溶解したときに起こる現象である．1個の分子（イオン対）ABが，陽イオンA^+と陰イオンB^-に分解している．このように**イオンに分解することを電離という**．

　例1は塩化ナトリウム（食塩）の電離である．NaClが電離して2個の1価イオン，Na^+とCl^-になっている．電離によって生じるイオンの価数は1価とはかぎらない．例2は2価イオンが生じる例である．例3，4は1価と2価のイオンが生じる例であり，生じるイオンの個数は2個ではなく3個になっている．

2 電解質の溶解

　図1-5は，電解質が電離する様子を表したものである．溶解という現象は，以下の2段階に分けて考えることができる．
　1　固体の電解質が自由イオンに電離する．
　2　電離したイオンが溶媒和する．

3 溶解のエネルギー

　図1-6は，溶解に伴うエネルギー変化を表したものである．固体ABが自由イオンに電離する過程Ⅰは，安定な固体（結晶）が崩れてばらばらな不安定状態になる過程であり，外部からエネルギーを加える必要がある．過程Ⅱは，不安定な自由イオンが溶媒和されて安定化する過程であり，外部にエネルギーを放出する．

　溶解に伴うエネルギー変化量を溶解熱という．溶解熱はこの過程ⅠとⅡに伴うエネルギーの和となる．図の場合では，過程Ⅰに伴うエネルギーの絶対値$|E_Ⅰ|$が過程Ⅱのエネルギー$|E_Ⅱ|$より大きいため，溶解熱は正の値，つまり吸熱反応となっている．しかし，エネルギー関係が逆になれば，発熱となりうる．

電離

$$AB \xrightarrow{\text{電 離}} A^+ + B^- \quad [反応式1]$$

電解質　　　　　　　　　　　陽イオン　　陰イオン
　　　　　　　　　　　　　　カチオン　　アニオン

（例）

NaCl ⟶	Na$^+$	+ Cl$^-$	[例1]
CaCO$_3$ ⟶	Ca^{2+}	+ CO$_3^{2-}$	[例2]
MgBr$_2$ ⟶	Mg^{2+}	+ 2Br$^-$	[例3]
Na$_2$SO$_4$ ⟶	2Na$^+$	+ SO$_4^{2-}$	[例4]

電解質の溶解

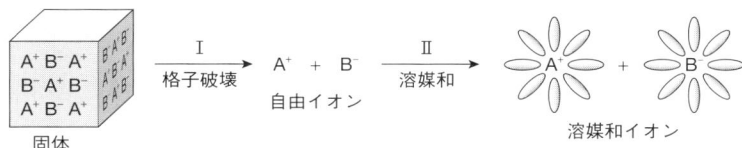

図 1-5

溶解に伴うエネルギー変化

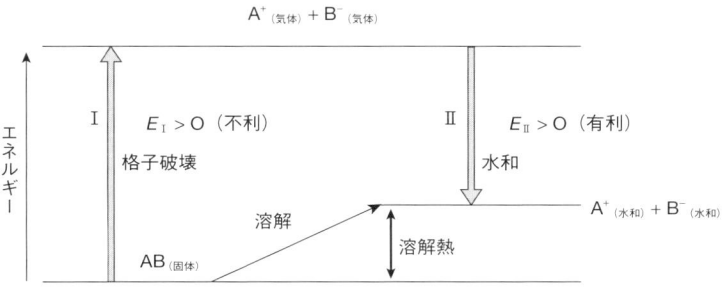

図 1-6

第4節 平衡

 分子レベルで見ると変化が起こっているのだが，現象として見ると変化が起こっていないように見える状態を平衡状態という．

1 反応速度

 反応式1はAとBの関係を表したものである．AはBに変化するが，同時にBはAに変化する（戻る）．このとき，右向きの反応（A→B）を正反応，左向きの反応（A←B）を逆反応という．このように，**反応が正逆両方向に起こる反応を可逆反応という**．

 式1, 2は反応の速度を表したものである．Aの減少速度 v_A は，Aの濃度 [A] の時間当たりでの変化量である．反応速度がどのような式で表されるかは反応ごとで変わるものであり，一概にはいえない．しかし，A→Bのような反応では，式1のようになることが多い．すなわち，$v_A = k_1 [A]$ と，Aの濃度に比例する．このときの比例定数 k_1 を速度定数という．同様に，Bの減少速度 v_B は $k_2 [B]$ のようになることが多い．

2 平衡

 図1-7は，反応式1で表される反応の濃度変化である．反応が始まるとAはBに変化するので，Aの濃度は減少し，反対にBが生成し始め，その濃度は時間とともに増加する．しかし，BはやがてAに戻るので，Bの濃度は頭打ちになる．この結果，適当な時間が経過した後にはA，Bの濃度はともに変化しなくなる．この状態を**平衡状態**という．

 平衡状態は決して反応が起こっていない状態ではない．反応は起こっているが，正反応と逆反応の速度が等しいので，見かけ上変化がないだけである．

3 平衡定数

 平衡状態では正逆両反応の速度が等しいので，式3が成立する．式3を変形すると式4となる．式4で表される K を平衡定数という．すなわち，**平衡状態における出発物Aと生成物Bの濃度比は，正逆両反応の速度定数の逆数の比に等しいのである**．この式は，今後頻繁に現れるたいせつな式である．

反応速度

$$A \underset{k_2}{\overset{k_1}{\rightleftarrows}} B \qquad [反応式1]$$

Aの減少速度 　$v_A = -\dfrac{d[A]}{dt} = k_1[A]$ 　　　　　　　　　(式1)

Bの減少速度 　$v_B = -\dfrac{d[B]}{dt} = k_2[B]$ 　　　　　　　　　(式2)

平衡

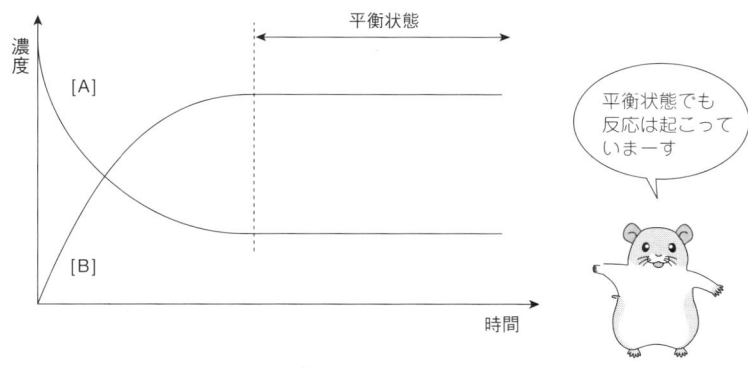

図 1-7

平衡定数

平衡状態では

$$k_1[A] = k_2[B] \qquad (式3)$$

よって

平衡定数 　$K = \dfrac{[B]}{[A]} = \dfrac{k_1}{k_2}$ 　　　　　　　　　(式4)

第5節 イオン強度

溶液中の溶質は，さまざまな影響を受ける．同じ溶質でも，その濃度と溶液中の共存物質によって挙動が異なってくる．特にプラス，マイナスに荷電したイオンを含む電解質溶液中ではイオンの間での静電引力が溶液の性質に大きく影響してくる．

1 イオンの相互作用

反応式1は酢酸 CH_3COOH の電離（解離）を表したものであり，式1はその平衡定数である．**この平衡定数を特に電離定数という．すなわち，電離定数が大きいほど酢酸の電離は起こりやすいことを意味する．**

図1-8は，酢酸と塩化ナトリウム NaCl が共存する溶液中での，酢酸の電離定数と塩化ナトリウムの濃度の関係を表したものである．塩化ナトリウムの濃度が高くなると，酢酸の電離定数は大きくなり，酢酸が電離しやすくなっていることがわかる．

これは酢酸の電離によって生じた酢酸イオン CH_3COO^- や水素イオン H^+ が，溶液中に存在するほかのイオン，Na^+ イオンや Cl^- イオンに取り囲まれ，再結合しにくくなったためである．このように，**化学平衡は溶液内に存在する塩化ナトリウムなどの電解質の影響を受ける．これを電解質効果という．**

2 イオン強度

電解質溶液において，電解質効果は必ず起こる現象である．そして，**電解質効果は電解質の種類に無関係であり，イオンのモル濃度（m）と電荷（z）にのみ関係するものであることがわかっている．**

電解質効果を定量的に取り扱うため，式2で表される値を定義し，これを**イオン強度 μ（ミュー）**と呼ぶ．

異なる電解質溶液におけるイオンの挙動を比較する場合には，系内に存在するほかのイオンの影響，すなわち電解質効果を同じにして比較する必要がある．このような場合には，系に適当な電解質を加えることで，イオン強度を一定にする方法が便利である．あるいは，少なくとも両系のイオン強度をそろえておく必要がある．

イオンの相互作用

$$CH_3-\underset{\underset{O}{\|}}{C}-O-H \rightleftarrows CH_3-\underset{\underset{O}{\|}}{C}-O^- + H^+ \quad [反応式1]$$

酢酸イオン

CH$_3$COOH + NaCl 水溶液

酢酸イオンさま イカナイデー！

$$K = \frac{[CH_3COO^-][H^+]}{[CH_3COOH]} \quad (式1)$$

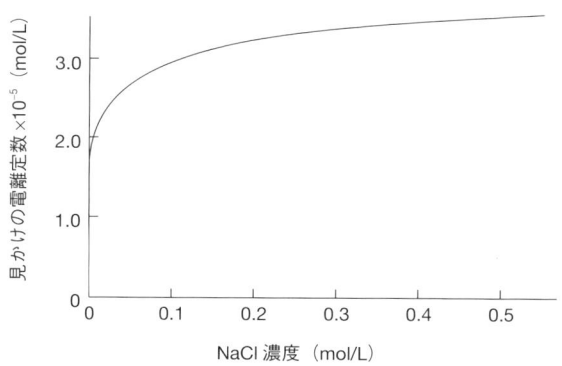

[赤岩英夫，柘植新，角田欣一，原口紘炁編，分析化学，p.23，図2.3，丸善（1991）]

図 1-8

イオン強度

電解質効果 { イオンの種類に無関係
イオンのモル濃度（m）に比例
イオンの電荷（z）に比例

$$イオン強度 \quad \mu = \frac{1}{2}(m_1z_1^2 + m_2z_2^2 + \cdots) = \frac{1}{2}\sum_i m_iz_i^2 \quad (式2)$$

第6節 活量

前節で見たことは，物質 A の挙動は，A の濃度（名目濃度）[A] だけでは表されないことを示すものである．そこで，実際の A の挙動に相当する濃度を実効濃度と考え，その実効濃度と名目濃度の間の関係を考えたのが活量という考え方である．

1 活量

濃度は溶液中に存在する溶質分子の個数を表す数値である．それでは濃度が 2 倍になったら溶液中における溶質の働きも 2 倍になるか，というと必ずしもそうとはかぎらない．物質の実効濃度を表すものとして活量 α（アルファ）を定義する．活量は式 1 のように，(名目）濃度 [A] と活量係数 γ（ガンマ）の積で表される．

前節で見たように，物質の挙動はイオン強度に影響を受ける．したがって，活量 α，すなわち活量係数 γ もイオン強度に依存するのは当然である．図 1-9 は，活量係数とイオン強度の関係を表したものである．**イオン強度が大きくなると活量係数は小さくなっている．**

反対に，イオン強度が 0 に近づくにつれて活量係数は 1 に近づく．これはどういうことだろうか．これはすなわち，イオン強度が 0 の状態ではイオンが存在しないことを意味する．したがって，A はほかの電解質の影響を受けることなく，名目濃度にふさわしい挙動を行うことになる．そのため，活量係数が 1 になるのは当然のことである．

2 平衡反応と活量係数

反応式 1 は物質 A，B の間の平衡反応であり，式 2 はこの平衡の平衡定数を表す式である．

一般に，反応の平衡定数を厳密に表すには，A，B の名目濃度ではなく，実効濃度，すなわち活量 α_A，α_B を用いなければならない．式 2 はそのようにして求めた平衡定数であり，名目濃度の項と活量係数の項の 2 つの項からなっている．

このようにして求めた平衡定数は，すでに電解質効果の分が活量係数として織り込まれているので，イオン強度の影響を受けない平衡定数である．

活量

活量　$\alpha_A = [A]\, \gamma_A$ 　　　　　　　　　　　　　　　（式1）
　　　γ_A：活量係数

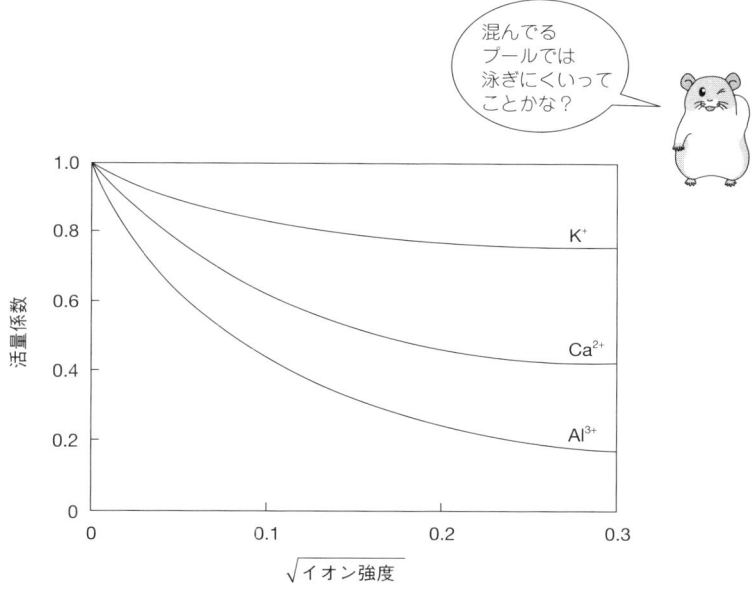

[赤岩英夫，柘植新，角田欣一，原口紘炁編，分析化学，p.25，図 2.4，丸善（1991）]

図 1-9

活量を考えた平衡定数

$$A \rightleftarrows B \qquad [反応式1]$$

$$K = \frac{\alpha_B}{\alpha_A} = \frac{[B]\,\gamma_B}{[A]\,\gamma_A} = \frac{[B]}{[A]} \cdot \frac{\gamma_B}{\gamma_A} \qquad （式2）$$

column 溶解

　砂糖は水に溶けるが油には溶けない．バターは油に溶けるが水には溶けない．何が何に溶けるかはかなり難しい問題である．しかし，一般に次のことがいえる．

　　　　　「似たものは似たものを溶かす」

　砂糖が水に溶けるのは砂糖分子にはヒドロキシ基 OH がたくさんあり，これが水 H-OH に似ているからである．一方，バターはアルキル基を持ち，これが油に似ている．したがって，金属である金は同じ金属である水銀に溶けることになり，実際に溶けてアマルガムをつくる．

　奈良の大仏は金アマルガムを大仏に塗り，その後加熱することで，水銀を気化させて金メッキをしていたという．したがって，大仏の製造当時は狭い奈良盆地に水銀ガスが立ち込め，たいへんな健康被害を及ぼしたものと推測される．それを確かめるためには奈良時代の遺骨を発掘し，それを分析すればよい．分析化学の出番である．

　しかし，問題はそれほど単純でない．「金属はイオンになって水に溶ける」ということで，いまさら奈良時代の骨を分析しても，水銀はもぬけの殻ということになる．しかし，きっと分析する手段はあるのではなかろうか？　それを考えるのも分析化学であろう．そのためには，化学だけでなく，歴史，文化，芸術にまでアンテナを張り巡らす必要がありそうである．それが総合科学であり，これからの望まれる科学であろう．

第Ⅱ部 平衡論

2章 酸と塩基

　すべての物質は酸, 塩基, 中性物質のいずれかに分類される. その意味で, 酸性, 塩基性, 中性といった性質は, 物質の性質の中で最も基本的なものの一つである.

　化学理論, 化学実験の最も基礎的な部分を担うともいえる分析化学にとって, 酸・塩基は特にたいせつな分野である. ここには, 分子構造と化学物性の関係, 平衡の考えという基礎的な理論があると同時に, 中和, 滴定という基礎的な実験技術もある.

　酸・塩基をマスターすることは, 分析化学をマスターするに当たってぜひとも必要なことである.

第1節 アレニウスの定義

　酸・塩基は, 分析化学だけでなく, 化学全体にとって最も基本的な概念の一つである. それだけに, 酸・塩基の考えは化学の領域によって微妙に異なる.

1 H^+, OH^- に基づく酸・塩基

　「酸とは水に溶けて水素イオン H^+ を出すものであり, 塩基とは水に溶けて水酸化物イオン OH^- を出すものである」

　これはアレニウスによって提唱された定義である. 反応式1は酸の定義式であり, ここでは HA が酸である. 反応式2のように塩酸 HCl は典型的な酸である. 同様に反応式3は塩基の定義式であり, ここでは B が塩基である. アンモニア NH_3 は典型的な塩基である.

2 酸とアルカリ

　酸—塩基という対比のほかに, 酸—アルカリという対比も使われる. アルカリとは塩基の一種であり, 一般に構造式の中に OH^- となりうる OH 原子団を持っているもの, と考えることができる. アンモニア NH_3 は, 自分の中に OH 原子団を持っていない. したがって, 塩基ではあるがアルカリではない. それに対して水酸化ナトリウム NaOH は自分の中に OH 原子団を持ち, この原子団は OH^- となることができるので, アルカリであり, 塩基であることになる.

酸と塩基

アレニウスの定義

酸 $\begin{cases} HA \rightleftarrows H^+ + A^- & \text{[反応式 1]} \\ HCl \longrightarrow H^+ + Cl^- & \text{[反応式 2]} \end{cases}$

塩基 $\begin{cases} B - H_2O \rightleftarrows BH^+ + OH^- & \text{[反応式 3]} \\ NH_3 + H_2O \rightleftarrows NH_4^+ + OH^- & \text{[反応式 4]} \\ \text{アルカリ} \quad NaOH \longrightarrow Na^+ + OH^- & \text{[反応式 5]} \end{cases}$

ワシのようジャと？

第2節 ブレンステッドの定義

酸・塩基は広い概念であり，水素イオンや水酸化物イオンを持たない分子にも酸・塩基に相当する挙動を示すものがある．そのようなものに対応できるように拡大したのがブレンステッドの定義である．

1 ブレンステッドの定義

アレニウスの定義は水素イオン H^+，水酸化物イオン OH^- という2つのイオンによって酸・塩基を定義したものである．それに対してブレンステッドの定義は，H^+ しか使わない，以下のようなものである．

「酸とは H^+ を出すものであり，塩基とは H^+ を受け入れるものである」

野球に例えれば，ボール（H^+）を放出するピッチャーは酸である．それに対してボールを受け取るキャッチャーは塩基ということになる．

反応式1において，HA は H^+ を放出しているので酸である．一方，反応式2において，B は H^+ を受け取っているので塩基である．

2 両性物質

反応式3において水は H^+ をアンモニア NH_3 に与えているので酸である．一方，反応式4において水は H^+ を受け入れて H_3O^+ になっているので塩基である．

このように，ブレンステッドの定義では，水は酸にも塩基にもなることができる．このように，**酸と塩基の性質を兼ね備えている物質を両性物質という．**反応式5のように両性物質は自分自身と反応することができる．

3 共役酸・塩基

反応式6は，反応式1を別の観点から見たものである．右に進む反応を見ると，HA は H^+ を放出して A^- になっている．したがって，HA は酸である．しかし，左に進む反応を見ると，A^- は H^+ を受け入れて HA となっている．これは，A^- が塩基であることを示している．

このようにブレンステッドの定義では，酸と塩基は表裏の関係になっている．このとき，塩基 A^- を"酸 HA の共役塩基"といい，酸 HA を"塩基 A^- の共役酸"という．

ブレンステッドの定義

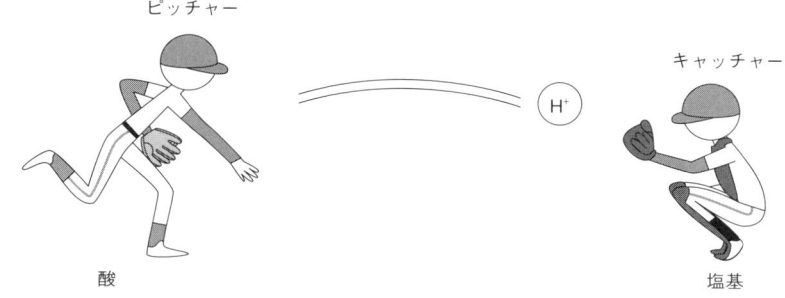

ピッチャー / キャッチャー / 酸 / 塩基

酸	HA	⇌	$H^+ + A^-$	[反応式1]
塩基	$H^+ + B$	⇌	BH^+	[反応式2]

両性物質

水 {
- $H_2O + NH_3$ ⇌ $NH_4^+ + OH^-$　　[反応式3]
  　酸
- $H_2O + CH_3COOH$ ⇌ $H_3O^+ + CH_3COO^-$　　[反応式4]
  　塩基
}

$H_2O + H_2O$ ⇌ $H_3O^+ + OH^-$　　[反応式5]

共役酸・塩基

共役酸・塩基　　HA　　⇌　　$H^+ + A^-$　　[反応式6]
　　　　　　A^-の共役酸　　　　HAの共役塩基

第3節 ルイスの定義

　水素イオンや水酸化物イオンに無関係な分子の中にも、酸・塩基に相当するものがある。このようなものにまで広げた定義がルイスの定義である。ルイスの定義は非共有電子対と空軌道の間で構成される配位結合を用いた定義である。

1 非共有電子対と空軌道

　原子の最外殻にある電子対のうち、結合に関与しないものを**非共有電子対**という。分子を構成する原子にも同様の定義が当てはまる。たとえば、アンモニア NH_3 の窒素は1組の非共有電子対を持ち、水 H_2O の酸素は2組の非共有電子対を持つ。

　空軌道とは電子の入っていない軌道のことである。通常は空の混成軌道を指すことが多いが、水素イオンは 1s 軌道が空軌道となっている。

2 配位結合

　反応式1のように2個の原子 A、B の間で非共有電子対の入った軌道と空軌道が重なれば、新しくできた軌道には非共有電子対の2個の電子が入ることになる。

　これは A と B が共有結合で結合したものと同じような状態である。しかし、共有結合の定義は A と B が互いに1個ずつの電子を提供しあうことであり、今回の結合とはその生成の過程が異なる。**このような結合を配位結合という**。

3 ルイスの定義

　「非共有電子対を受け入れるものが酸であり、非共有電子対を提供するものが塩基である」

　反応式1で表されるルイスによる定義は、酸・塩基を非共有電子対に基づいたものである。反応式1から明らかなように、ルイスの定義は配位結合の形成に基づいている。このため、ルイスの定義は、無機化学や有機金属化学でよく用いられる定義である。

　反応式2、3は、ルイスの定義による酸、塩基の実例である。ルイスの定義では、水はその酸素に非共有電子対があるので塩基となる。

非共有電子対と空軌道

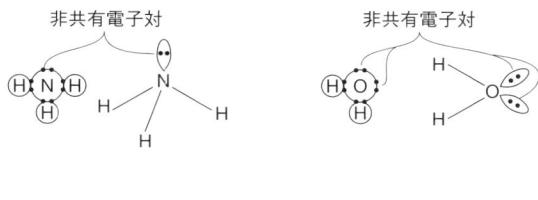

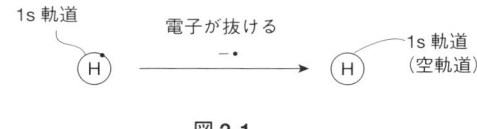

図 2-1

配位結合

[反応式 1]

ルイスの定義

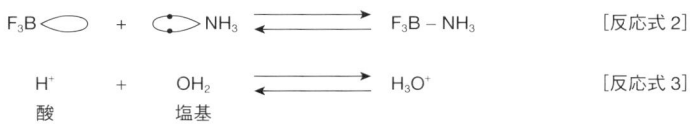

[反応式 2]

[反応式 3]

配位結合は無機化学の主要領域である錯体を構成する結合ジャ

硬い酸・塩基と軟らかい酸・塩基

　酸と塩基は反応（中和）して水と塩を生じる（第7節参照）．しかし，この反応には起こりやすいものと起こりにくいものがある．反応しやすいかしにくいかは，何で決まるのだろうか．

1 硬い・軟らかい

　原子，分子を硬いものと軟らかいものに分けて考えてみよう．**硬いものとは変形しにくいものであり，軟らかいものとは変形しやすいものという意味である**．

　ヨウ素原子は原子核の周りに53個の電子を持っている．電子は電子雲という言葉で表されるとおり，雲や煙のようにふわふわしたイメージである．ヨウ素原子はこの雲で厚く囲まれており，したがって，変形しやすく軟らかい．それに対して水素には1個の電子しかなく，変形できる要素は少ない．このため，水素は硬い．

　原子，分子の硬い・軟らかいとはこのような考えである．

2 反応の相性

　酸・塩基の反応では相性があると考える．相性の良いもの同士の反応は進行しやすく，相性の悪いものの反応は進みにくい．これを，硬い・軟らかいという概念を使って表現すると次のようになる．

　「硬い酸と硬い塩基，および，軟らかい酸と軟らかい塩基の反応は進行しやすい．しかし，硬いものと軟らかいものの反応は進行しにくい」

　これを **HSAB**（hard and soft acids and bases）**理論**という．

3 硬い酸・塩基と軟らかい酸・塩基

　表2-1は種々の酸・塩基を，第1項で見た，硬い・軟らかいの定義に従って分類したものである．

　一般に，**電子が少ないものが硬く，多いものが軟らかい**．電子が少ないものとは，原子番号が小さく，相対的にプラス電荷が大きいものである．反対に，電子が多いものとは，原子番号が大きく，相対的にマイナス電荷が大きいものである．

硬い・軟らかい

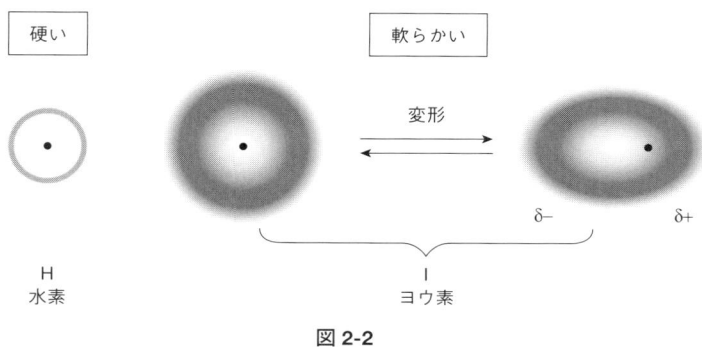

図 2-2

反応の相性

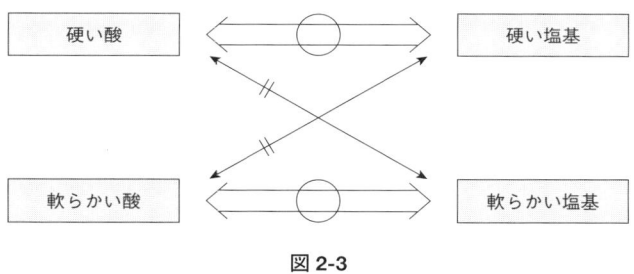

図 2-3

硬い酸・塩基, 軟らかい酸・塩基

酸	硬い	H^+, BF_3, Mg^{2+}, Ca^{2+}, $AlCl_3$, SO_3
	中間	SO_2, $B(CH_3)_3$, 2価遷移金属イオン
	軟らかい	Cu^+, Cu^{2+}, BH_3, I_2
塩基	硬い	F^-, $R-NH_2$, O^{2-}, CO_3^{2-}, SO_4^{2-}, H_2O
	中間	NO_2, Br^-, アニリン, ピリジン
	軟らかい	H^-, I^-, R_2S, S^{2-}, CN^-, CO, $S_2O_3^{2-}$

表 2-1

硬いものと軟らかいものは相性が悪いんだって

第5節 水素イオン指数

溶液中に存在する水素イオン H^+ の濃度を表すのが水素イオン指数 pH である．

1 水素イオン濃度

溶液が酸性であるということは，溶液中に H^+ がたくさんあるということであり，塩基性であるということは H^+ が少ないということである．H^+ が多くあるほど強い酸である．

溶液中の H^+ 濃度を表す指標に，水素イオン指数 pH（英語：ピーエッチ，独語：ペーハー）がある．式1は pH の定義である．注意点は次の2点である．

1　対数で表されているので，pH の数値が1違うと濃度は10倍違う．
2　マイナスが付いているので，数値が小さいほうが濃度が高い．

pH と水素イオン濃度の関係の模式図を示した．pH が1違うと濃度は10倍，3違うと濃度は1,000倍違うということに注意しなければならない．

2 水のイオン積

溶液の酸性，塩基性，中性といった性質をまとめて**液性**という．

純粋な水は中性である．しかし，水は反応式2に示すように一部電離しており，H^+ と OH^- を生成している．その平衡関係は式2で表される．

H^+ と OH^- の濃度の積を**水のイオン積** K_w といい，式3で表される．中性状態では H^+ と OH^- の濃度が等しいので，それぞれの濃度は式4で表される．すなわち，10^{-7} mol/L である．中性状態の H^+ 濃度を pH で表したのが式5である．すなわち，**中性状態の水の pH は7である**．

3 液性

図2-5は，pH と液性の関係を表したものである．**pH 7 が中性であり，pH が7以下の領域が酸性，7以上が塩基性である．**

身の回りのいくつかの物質のおおよその pH を図に示した．3.5 % 塩酸は，1 mol/L（$-\log 1 = 0$）に対応する．レモンなど，酸っぱい柑橘類は酸性であり，灰汁やせっけんは塩基性である．血液や牛乳など，動物の体液はおおむね中性である．

水素イオン濃度

$$HA \rightleftharpoons H^+ + A^-$$ [反応式1]

$$pH = -\log[H^+] = \log\frac{1}{[H^+]}$$ (式1)

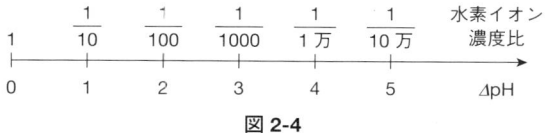

図 2-4

水のイオン積

$$H_2O \rightleftharpoons H^+ + OH^-$$ [反応式2]

$$K = \frac{[H^+][OH^-]}{[H_2O]}$$ (式2)

水はほとんど電離しないので

水のイオン積 $K_w = [H^+][OH^-] = K[H_2O] = 1\times 10^{-14}$ (mol/L)^2 (式3)

中性では $[H^+] = [OH^-] = 1\times 10^{-7}$ (mol/L) (式4)

よって $pH = -\log 10^{-7} = 7$ (式5)

液性

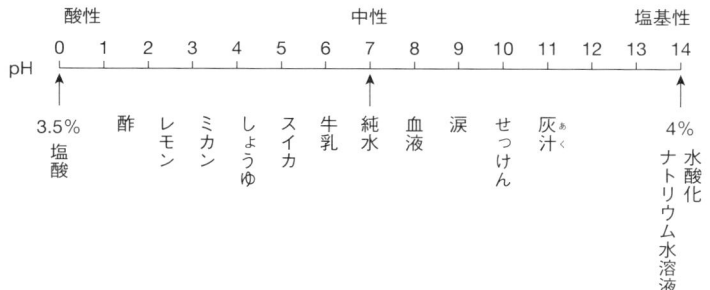

図 2-5

第6節 酸・塩基解離定数

1 L の水に塩酸を 100 mL 加えると強い酸性溶液となる．しかし，酢酸 100 mL を加えても強い酸性とはならない．これは，塩酸が強酸であるのに対して酢酸は弱酸であるためだ．このように酸・塩基には強いものと弱いものがある．

1 酸解離定数

反応式 1 は酸 HA の水中での解離である．式 1 は反応式 1 の平衡を表したものである．式 1 の平衡定数 K に水の濃度 $[H_2O]$ をかけたもの K_a を**酸解離定数**という．K_a が大きいということは，反応式 1 が右側に進行しやすく，酸 HA が強酸であることを意味する．

K_a は通常，pH と同様に対数 pK_a（ピーケーエー）で表すことが多い（式 2）．図 2-6 に示したように，**pK_a の値が小さいほど強酸である**（この感覚は pH と同じである）．

2 塩基解離定数

反応式 2 は酸 HA の共役塩基である A^- の水中での解離平衡である．式 3 はこの平衡の平衡定数を表す．平衡定数 K に水の濃度をかけたもの K_b を**塩基解離定数**という．K_b も，対数 pK_b（ピーケービー）で表すことが多い（式 4）．pK_a と同様に，pK_b の値が小さいほど強塩基である．

3 酸・塩基解離定数

式 5 は酸解離定数 K_a と塩基解離定数 K_b の積である．式が示すように，この積は水のイオン積 K_w に等しくなる．したがって，式 6 に示したように，**pK_a と pK_b の和は 14 となり**，pK_a，pK_b のどちらかがわかれば，もう片方は計算で求められることになる．

いくつかの酸・塩基の解離定数を表 2-2 にまとめた．リン酸は，水素イオンを 3 個持った状態 H_3PO_4 が最も強酸であり，水素イオンを外すごとに弱酸となっていくことがわかる．

アンモニアにメチル基が付くと強塩基になるが，その効果も 2 個までで，3 個付くと逆効果になっていることがわかる．

酸解離定数

$$HA + H_2O \rightleftharpoons H_3O^+ + A^-$$ [反応式1]

$$K = \frac{[H_3O^+][A^-]}{[HA][H_2O]}$$ (式1)

$$K_a = K[H_2O] = \frac{[H_3O^+][A^-]}{[HA]} \qquad pK_a = -\log K_a$$ (式2)

図 2-6

塩基解離定数

$$A^- + H_2O \rightleftharpoons HA + OH^-$$ [反応式2]

$$K = \frac{[HA][OH^-]}{[A^-][H_2O]}$$ (式3)

$$K_b = K[H_2O] = \frac{[HA][OH^-]}{[A^-]} \qquad pK_b = -\log K_b$$ (式4)

図 2-7

酸・塩基解離定数

$$K_a \times K_b = \frac{[H_3O^+][A^-]}{[HA]} \times \frac{[HA][OH^-]}{[A^-]} = K_w = 1 \times 10^{-14}$$ (式5)

$$pK_a + pK_b = pK_w = 14$$ (式6)

化学式	pK_a	化学式	pK_b
CH_3COOH	4.76	NH_3	4.74
H_3PO_4	2.12	CH_3NH_2	3.36
$H_2PO_4^-$	7.21	$(CH_3)_2NH$	3.29
HPO_4^{2-}	12.32	$(CH_3)_3N$	4.28

表 2-2

数値の小さいほうが強くなりマース

第7節 中和と塩

酸と塩基の反応を中和という．中和反応では水と塩が生成する．

1 価数

塩酸 HCl は，水素イオン H^+ として電離できる水素を 1 個持っている．それに対して硫酸 H_2SO_4 は 2 個持っている．このように，1 分子当たり生じることのできる H^+ の個数をその酸の価数という．塩酸は 1 価の酸であり，硫酸は 2 価の酸である．同様に，塩基では，1 分子当たり生じることのできる水酸化物イオン OH^- の個数を塩基の価数という．

2 中和

反応式 1 は，塩酸と水酸化ナトリウム NaOH の反応である．反応によって水と塩化ナトリウムが生成している．このような，**酸と塩基の反応を中和といい，中和によって生じる生成物のうち，水以外のものを塩という**．

反応式 2 は，1 分子の硫酸と 1 分子の水酸化ナトリウムの反応である．反応によって硫酸水素ナトリウム $NaHSO_4$ が塩として生じている．**硫酸水素ナトリウムには酸性水素が 1 個残っている．このような塩を酸性塩という．**

硫酸水素ナトリウムに水酸化ナトリウムを作用させると，酸性水素が反応して硫酸ナトリウム Na_2SO_4 が生成する．この塩は，硫酸の酸性水素がすべて反応しているので**正塩**という．1 価の酸である塩酸と，2 価の塩基である水酸化カルシウム $Ca(OH)_2$ の間にも同様の関係が生じる．

3 塩の加水分解

塩は中性であるとはかぎらない．弱酸である酢酸 CH_3COOH と強塩基である水酸化ナトリウムとの反応（反応式 6）で生じる塩基性塩，酢酸ナトリウム CH_3COONa は，反応式 7 のように水中で完全に電離している．しかし，酢酸は弱酸なので，酢酸イオンは反応式 8 に従って水と反応して酢酸と OH^- になる．このため，酢酸ナトリウム水溶液は塩基性を示す．

反対に，強酸の塩酸と弱塩基のアンモニア NH_3 から生じる塩，塩化アンモニウム NH_4Cl （反応式 9）は，反応式 11 に従って H_3O^+ を生じるので酸性塩である．

中和

HCl + $NaOH$ ⟶ $NaCl$ + H_2O 　［反応式 1］
酸　　　塩基　　　　　　塩　　　　水

H_2SO_4 + $NaOH$ ⟶ $NaHSO_4$ + H_2O 　［反応式 2］
　　　　　　　　　　　　酸性塩

$NaHSO_4$ + $NaOH$ ⟶ Na_2SO_4 + H_2O 　［反応式 3］
　　　　　　　　　　　　正塩

HCl + $Ca(OH)_2$ ⟶ $CaCl(OH)$ + H_2O 　［反応式 4］
　　　　　　　　　　　　塩基性塩

HCl + $CaCl(OH)$ ⟶ $CaCl_2$ + H_2O 　［反応式 5］
　　　　　　　　　　　　正塩

> 酸と塩基の反応を中和といいます．生成物が塩です．

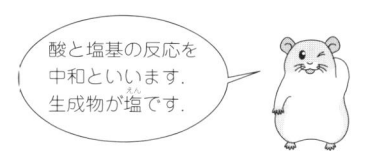

塩の加水分解

CH_3COOH + $NaOH$ ⟶ CH_3COONa + H_2O 　［反応式 6］
弱酸　　　　強塩基　　　　　　塩基性塩

CH_3COONa ⟶ CH_3COO^- + Na^+ 　［反応式 7］

CH_3COO^- + H_2O ⇌ CH_3COOH + OH^- 　［反応式 8］

HCl + NH_3 ⟶ NH_4Cl 　［反応式 9］
強酸　　弱塩基　　　　酸性塩

NH_4Cl ⟶ NH_4^+ + Cl^- 　［反応式 10］

NH_4^+ + H_2O ⇌ NH_3 + H_3O^+ 　［反応式 11］

第 7 節 ◆ 中和と塩

第8節 中和滴定

　中和反応を用いて，濃度が未知である溶液の濃度を決定することを中和滴定という．滴定に関しては第 8 章「容量分析」で詳しく見ることになるので，ここでは原理的な部分を見るにとどめておこう．

1 濃度決定

　中和反応を利用して，濃度未知溶液の濃度を求めることができる．

　濃度未知の塩酸水溶液 100 mL があるとする．この溶液を濃度 1 mol/L の水酸化ナトリウム水溶液で中和したところ，10 mL 必要であったとしよう．

　加えた水酸化ナトリウムのモル数は式 1 で与えられる．塩酸水溶液中 100 mL 中には，これと同じモル数の塩酸が存在していることになる．したがって，塩酸の濃度は式 2 で求まることになる．**このような原理で濃度を求めることを，溶液の体積（容量）を用いて濃度を分析するので容量分析といい，その操作を滴定という．**

2 滴定

　図は滴定の様子を表したものである．フラスコに入れた濃度未知の塩酸水溶液に，ビュレットから，濃度既知の水酸化ナトリウムの標準試料を加えていく．加えた量はビュレットの目盛りを読むことで知ることができる．塩酸水溶液がちょうど中和するまでに加えた標準試料の量を求めれば，上の考えから，塩酸水溶液の濃度を知ることができる．

3 指示薬

　"ちょうど中和する"までに加えた標準溶液の量を**当量点**という．**当量点を求めるには，pH を電気的に測定する pH メーターを用いることが多いが，指示薬を用いることもある．指示薬とは，特定の pH 領域で変色する試薬である．**

　図は，酢酸水溶液を水酸化ナトリウム水溶液で中和したときの pH 変化を示したもので滴定曲線と呼ばれるものである．指示薬の変色域を示した．フェノールフタレインは pH 8.3 で無色から赤色に変化する．したがって，フェノールフタレインの変色を見れば，中和点を知ることができる．

中和反応による濃度決定

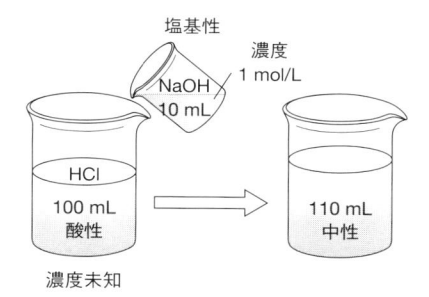

加えた NaOH の量： $\dfrac{1 (\text{mol})}{1000 (\text{mL})} \times 10 (\text{mL}) = \dfrac{1}{100} (\text{mol})$ （式1）

塩酸の濃度： $\dfrac{1}{100} (\text{mol}) \div \dfrac{100}{1000} (\text{L}) = \dfrac{1}{10} (\text{mol/L}) = 0.1 (\text{mol/L})$ （式2）

中和滴定

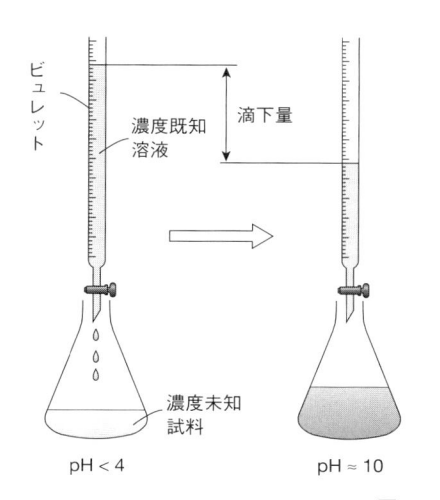

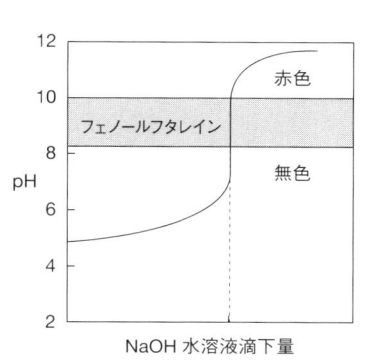

図 2-8

第9節 緩衝溶液

酸を加えても，塩基を加えても，pHが大きく変化しない溶液を緩衝溶液という．血液など生体を構成する体液は精密な緩衝溶液となっており，外的刺激によって液性が変化しない仕組みになっている．

1 組成

緩衝溶液は，弱酸とその塩の混合溶液，もしくは弱塩基とその塩の混合溶液である．

弱酸である酢酸 CH_3COOH（濃度 c_1）と，その塩である酢酸ナトリウム CH_3COONa（濃度 c_2）の組み合わせからなる緩衝溶液を考えてみよう．酢酸は弱酸であり，あまり電離しないから，酢酸の濃度はほぼ c_1 のままである．それに対して，塩である酢酸ナトリウムは完全に電離するので，酢酸イオン CH_3COO^- の濃度は c_2 となる．

式1の酢酸の電離平衡を用いて水素イオン濃度を表すと式2となる．式2の対数をとると，緩衝溶液のpHを表す式3となる．この式は，酢酸の酸解離定数 pK_a に，c_1, c_2 からなる第2項を補正項として加えたものと見ることができる．

2 緩衝作用

反応式3は，緩衝溶液にわずかの酸を加えたときの変化を表すものである．系内に大量にある酢酸イオンが水素イオン H^+ と反応して酢酸となる．そのため，H^+ は消失してしまう．その結果，酢酸濃度 c_1 は増加するが，酢酸はもともと大量にあるので，少々増加してもほとんど無視できる範囲に収まることになる．このため，式3の補正項は実際問題として変化することはない．以上の理由により，緩衝溶液のpHは大きくは変化しないことになる．

反応式4は，わずかに塩基を加えた際の変化である．系内に大量にある酢酸が水酸化物イオン OH^- と反応して酢酸イオンとなる．このため，OH^- は消失してしまう．酢酸イオンの濃度 c_2 は増加するが，これも無視できる範囲であり，pHに大きく影響することはない．

緩衝溶液

$$CH_3COOH \rightleftarrows CH_3COO^- + H^+ \quad \text{[反応式1]}$$
$$c_1 \qquad \qquad \approx 0 \qquad \approx 0$$

$$CH_3COONa \longrightarrow CH_3COO^- + Na^+ \quad \text{[反応式2]}$$
$$0 \qquad \qquad c_2 \qquad c_2$$

CH$_3$COOH + CH$_3$COONa 水溶液

酸解離定数 $K_a = \dfrac{[CH_3COO^-][H^+]}{[CH_3COOH]}$ （式1）

$$[H^+] = K_a \frac{[CH_3COOH]}{[CH_3COO^-]} = K_a \frac{c_1}{c_2} \quad \text{（式2）}$$

$$pH = pK_a + \log\frac{c_1}{c_2} \quad \text{（式3）}$$

H^+ を加えると　　$CH_3COO^- + H^+ \longrightarrow CH_3COOH$

　　　　　　　$[CH_3COOH] : c_1 \longrightarrow c_1 + \Delta c_1 \quad (c_1 増加)$　　[反応式3]

OH^- を加えると　　$CH_3COOH + OH^- \longrightarrow CH_3COO^- + H_2O$

　　　　　　　$[CH_3COO^-] : c_2 \longrightarrow c_2 + \Delta c_2 \quad (c_2 増加)$　　[反応式4]

$c_1 \gg \Delta c_1$, $c_2 \gg \Delta c_2$ であるので $c_1 + \Delta c_1 \fallingdotseq c_1$, $c_2 + \Delta c_2 \fallingdotseq c_2$

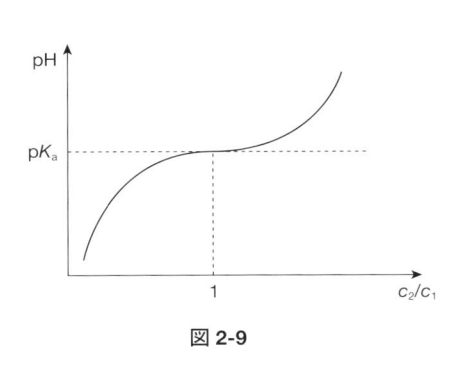

よって　$pH \fallingdotseq pK_a + \log\dfrac{c_1}{c_2}$ ： ほぼ一定　　（式4）

図 2-9

生体は精密な緩衝液でできてるんだって．ボクもそうかな？

オソラクそうだと思う．ペンギン先生談

3章 沈殿平衡

　溶質が溶媒に溶けることを溶解という．溶質は固体でも，液体でも，気体でもかまわない．溶質を，それ以上溶かすことのできない最高濃度まで溶かした溶液を飽和溶液という．固体の溶質を溶かした飽和溶液の温度を下げると，溶け切れなくなった溶質が固体として析出する．このような固体を沈殿という．
　沈殿の生成は分析化学だけでなく，有機化学，無機化学などでもたいせつな現象であり，重要な実験技術でもある．ここでは物質の溶解という，基本的な現象について見ていくことにしよう．

第1節 沈殿平衡

　物質 A が沈殿になっている状態 $A_{沈殿}$ と溶液になっている状態 $A_{溶液}$ との間の平衡を，**沈殿平衡**または**溶解平衡**という．

1 溶解度

　一般に物質が溶けるときには〝似たものは似たものを溶かす〟という原理が働く．表 3-1 は溶質と溶媒の関係を表したものである．水などの極性の溶媒はイオン性の結晶をよく溶かし，液体金属である水銀は金属を溶かす．
　溶質が 100 g の溶媒に最大どの程度溶けるかを表した数値を**溶解度**という．図 3-1 にいくつかの物質の温度と溶解度の関係を示した．一般に溶解度は温度とともに変化する．**温度と溶解度の関係を表すグラフを溶解度曲線という．**

2 沈殿析出

　溶液においては一時的に溶解度以上の量の溶質が溶けることがある．このような溶液を**過飽和溶液**という．過飽和溶液では，溶解度量以上の溶質分子は溶液系から追い出され，追い出された分子は会合体を形成する．しかし，この会合体は不安定であり，結晶に成長するとはかぎらない．結晶に成長するためには，会合がある程度以上に大きくなることが必要である．このような会合体を**臨界核**という．臨界核が結晶に成長するためには，飽和濃度よりかなり高い濃度が必要である．

沈殿平衡

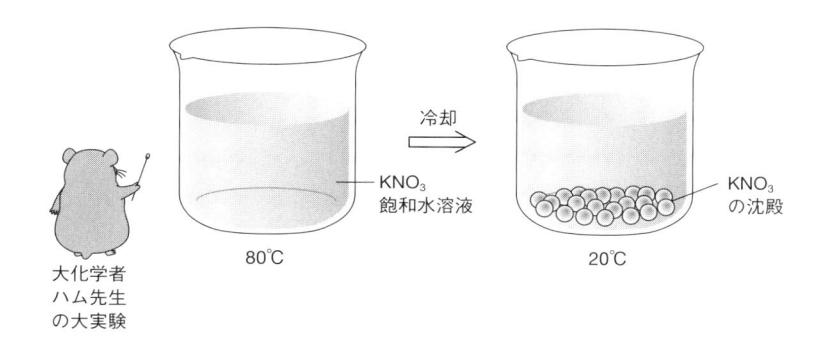

KNO₃ 飽和水溶液 80℃ →冷却→ KNO₃ の沈殿 20℃

大化学者ハム先生の大実験

溶解度

溶質	物質	NaCl	ナフタレン	金
	結晶の種類	イオン結晶	分子結晶	金属結晶
溶媒	H₂O（極性溶媒）	○	×	×
	ベンゼン（無極性溶媒）	×	○	×
	Hg（液体金属）	×	×	○

○：可溶　×：不溶

表 3-1

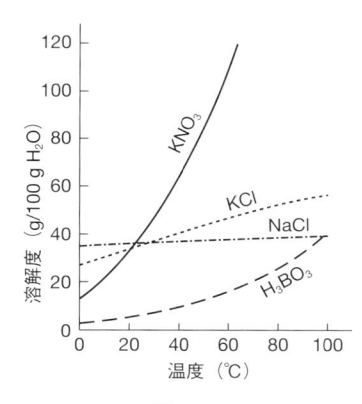

図 3-1

沈殿析出

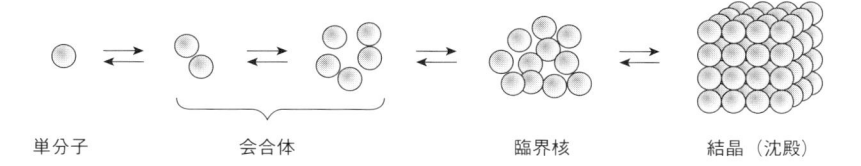

単分子　会合体　臨界核　結晶（沈殿）

図 3-2

第1節◆沈殿平衡

第2節 溶解度積

難溶性で電離性の固体 AB の一部が溶媒に溶けて，固体 AB，陽イオン A^+，陰イオン B^- の間に平衡が成立しているとき，両イオンの濃度の積 $[A^+][B^-]$ を溶解度積という．溶解度積には濃度に基づく濃度溶解度積と活量に基づく熱力学的溶解度積がある．

1 溶解度積

反応式 1 は難溶性の塩化銀 AgCl の溶解を表したものである．固体の塩化銀が溶解して銀イオン Ag^+ と塩化物イオン Cl^- になり，固体と両イオンの間に平衡が成り立っている．

この平衡定数 K は式 1 で表される．AgCl は難溶性であるので分母の固体濃度は常に一定であることに注意すると，式 2 が導き出される．**この平衡定数 K_{sp} を溶解度積という．溶解度積は温度が一定ならば，イオンの濃度に関係なく常に一定である．**塩化銀とヨウ化銀 AgI の，いくつかの温度における溶解度積を表 3-2 に示した．

一般に溶解度積は非常に小さく，10 のマイナス数乗〜数十乗という数値になる．そのため水素イオン指数 pH（第 2 章第 5 節参照）の場合と同様に，K_{sp} の対数にマイナスを付けたものを pK_{sp} として表すこともある．

$$pK_{sp} = -\log K_{sp}$$

pK_{sp} の値が大きいほど K_{sp} の値が小さいことは pH の場合と同様である．

2 熱力学的溶解度積

反応式 1 の平衡を，各成分の活量 α（第 1 章第 6 節参照）を用いて表すと，式 3 となる．この平衡定数 $K_{sp}°$ を**熱力学的溶解度積**という．式 3 の活量を，濃度と活量係数 γ（第 1 章第 6 節参照）を用いて表すと式 4 のようになり，これを整理すると式 5 となる．

式 5 は，熱力学的溶解度積 $K_{sp}°$ が先ほどの溶解度積 K_{sp} と，活量係数 γ の積で表されることを示している．このとき，濃度に基づく項である K_{sp} を特に**濃度溶解度積**ということがある．

溶解度積

$$AgCl_{固} \rightleftarrows Ag^+ + Cl^- \qquad [反応式1]$$

$$K = \frac{[Ag^+][Cl^-]}{[AgCl]} \qquad (式1)$$

AgCl の濃度 $[AgCl]_{固}$ は一定であるので,

$$K_{sp} = K[AgCl]_{固} = [Ag^+][Cl^-] \qquad (式2)$$

も一定となり, K_{sp} を溶解度積という

化学式	イオン積	水の温度（℃）	溶解度積 (mol/L)^2
AgCl	$[Ag^+][Cl^-]$	4.7	0.21×10^{-10}
		25	1.56×10^{-10}
		100	21.5×10^{-10}
AgI	$[Ag^+][I^-]$	13	0.32×10^{-16}
		25	1.5×10^{-16}

表 3-2

溶解度積は温度によって変化します

熱力学的溶解度積

$$K_{sp}^\circ = \alpha_{Ag^+} \cdot \alpha_{Cl^-} \qquad (式3)$$

$$= [Ag^+]\gamma_{Ag^+} \cdot [Cl^-]\gamma_{Cl^-} \qquad (式4)$$

$$= K_{sp}\gamma_{Ag^+}\gamma_{Cl^-} \qquad (式5)$$

K_{sp}°：熱力学的溶解度積, K_{sp}：濃度溶解度積

第3節 イオンの効果

溶液にイオンを加えると沈殿が生じたり，あるいは逆に，沈殿が溶解したりすることがある．これは溶解度が加えたイオンによって影響を受けた結果である．

1 共通イオン効果

塩化銀 AgCl 溶液には，塩化物イオン Cl^- と銀イオン Ag^+ が存在する．沈殿を生じていない塩化銀溶液に，適当な濃度の塩化物イオンを加えると塩化銀の沈殿が生じる．

このように，**溶液に存在するイオンと同じ（共通の）イオンを加えたときに生じる効果を共通イオン効果という**．

例に挙げた事例では，効果は次のようなものである．塩化銀の溶解度積は式1のように銀イオンと塩化物イオンの濃度の積で与えられる．系に塩化物イオンを加えると，溶解度積 $[Ag^+][Cl^-]$ の $[Cl^-]$ が大きくなるため，$[Ag^+]$ を小さくしようとして平衡が左側に移動し，その結果，塩化銀の沈殿が析出したのである．

2 異種イオン効果

共通イオン以外のイオン（電解質）が溶解度積に与える効果を，**異種イオン効果**という．一般に溶液中に存在するイオンの濃度が増大すると，沈殿は溶けやすくなる．

たとえば，沈殿を生じている塩化銀の飽和溶液に，適当な濃度の硫酸ナトリウム Na_2SO_4 水溶液を加えると，沈殿していた塩化銀が溶け出してしまう．これは塩化銀から生じたイオン Ag^+，Cl^- と，硫酸ナトリウムから生じたイオン Na^+，SO_4^{2-} の間の相互作用が原因となって生じた現象である．このような現象の原因には，単に溶液のイオン強度（第1章第5節参照）の増加による場合や，沈殿のイオンと異種電解質イオンが錯イオンを形成する場合など，各種のケースがある．

したがって，共通イオン効果のように，溶解度積を用いて定量的な取り扱いをするわけにはいかない．

共通イオン効果

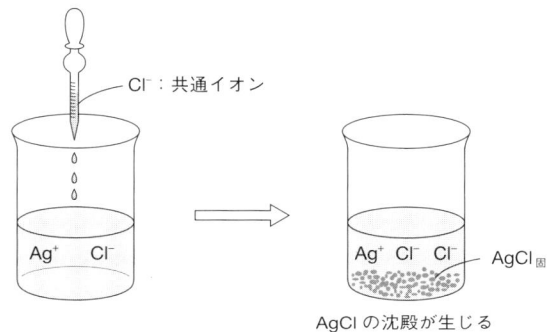

Cl⁻：共通イオン

AgCl の沈殿が生じる

図 3-3

$$AgCl_{固} \rightleftarrows Ag^+ + Cl^-$$　　　　　　　［反応式 1］

$$K_{sp} = [Ag^+][Cl^-] : 一定$$　　　　　　　（式 1）

$[Cl^-]$ が大きくなるため $[Ag^+]$ が小さくなり，沈殿が生じる．

共通イオン効果は溶解度積の問題でーす

異種イオン効果

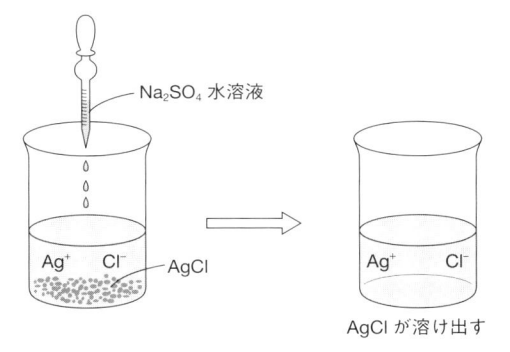

Na₂SO₄ 水溶液

AgCl

AgCl が溶け出す

図 3-4

第4節 pHの影響

溶液の液性を決定するのは水素イオン H^+ と水酸化物イオン OH^- である.いずれもイオンであるから,溶解度に影響しないはずはない.溶解度に及ぼすpHの影響を見てみよう.

1 水酸化物イオンの影響

水酸化物イオン OH^- の影響は,共通イオン効果と同じように考えることができる.

反応式1は水酸化アルミニウム $Al(OH)_3$ の沈殿平衡である.溶解度積は式1で表される.式1より,アルミニウムイオン Al^{3+} の溶解度 S ($= [Al^{3+}]$) は式2で表される.この系に OH^- を加えてpHを上げたら(塩基性にしたら)どうなるだろうか.

式2より,温度一定ならば溶解度積 K_{sp} は一定なので,OH^- 濃度が上がれば Al^{3+} 濃度,すなわち溶解度は下がることがわかる.これは前節で見た共通イオン効果と同じ考えである.

2 水素イオンの影響

水酸化物イオンと同じように,水素イオン H^+ も溶解度に影響する.ヨウ化銀 AgI を例にとって影響を見てみよう.

反応式2は AgI の沈殿平衡である.ヨウ化物イオン I^- はpHが下がって(酸性になって)水素イオンが増えると,反応式3で表されるようにヨウ化水素 HI と平衡関係になり,その平衡定数は式3で表される.この式から HI の濃度を求めると式4となる.

AgI から解離したヨウ素 I は I^- か HI の形をとっており,その濃度はこの両者の和で表される.ところで,反応式2,3からわかるように,解離ヨウ素の全濃度は銀イオン Ag^+ の濃度に等しいのだから,式5が成立することになる.式5を整理すると式6となる.

式6から I^- の濃度を求めると式7となる.式7を用いてヨウ化銀の溶解度積 K_{sp} を求めると式8となる.この式から Ag^+ の濃度を求めると式9となる.

式9は Ag^+ の濃度が水素イオン濃度 H^+ によって影響されることを示している.H^+ の濃度が増えると,Ag^+ の濃度,すなわち溶解度は上がる.

水酸化物イオン OH^- の影響

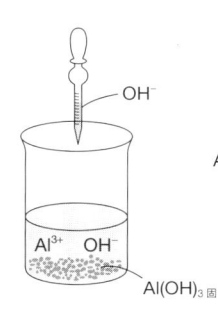

$$Al(OH)_{3固} \rightleftharpoons Al^{3+} + 3OH^- \quad \text{[反応式1]}$$

$$K_{sp} = [Al^{3+}][OH^-]^3 \quad \text{(式1)}$$

Al^{3+} の溶解度 $\displaystyle S = [Al^{3+}] = \frac{K_{sp}}{[OH^-]^3} \quad \text{(式2)}$

$[OH^-]$ が増えると $[Al^{3+}]$ すなわち溶解度は下がる

水素イオン H^+ の影響

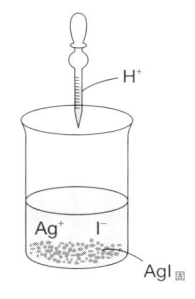

$$AgI_{固} \rightleftharpoons Ag^+ + I^- \quad \text{[反応式2]}$$

$$I^- + H^+ \rightleftharpoons HI \quad \text{[反応式3]}$$

反応式3について

$$K = \frac{[H^+][I^-]}{[HI]} \quad \text{(式3)}$$

$$[HI] = \frac{[H^+][I^-]}{K} \quad \text{(式4)}$$

$[Ag^+]$ について考えると

$$[Ag^+] = [I^-] + [HI] \quad \text{(式5)}$$

$$= [I^-]\left(1 + \frac{[H^+]}{K}\right) \quad \text{(式6)}$$

$$[I^-] = [Ag^+]\left(\frac{K}{K + [H^+]}\right) \quad \text{(式7)}$$

$$K_{sp} = [Ag^+][I^-] = [Ag^+]^2\left(\frac{K}{K + [H^+]}\right) \quad \text{(式8)}$$

よって

$$[Ag^+] = \left(K_{sp}\frac{K + [H^+]}{K}\right)^{\frac{1}{2}} \quad \text{(式9)}$$

$[H^+]$ が増えると $[Ag^+]$ すなわち溶解度は上がる

第5節 沈殿滴定

　沈殿の生成を利用して，濃度未知溶液の濃度を測定するのが沈殿滴定である．沈殿として銀塩を用いる滴定を特に銀滴定といい，無機分析手法として古くから知られた方法である．同時に，銀塩以外の沈殿を用いた沈殿滴定は，反応速度が遅いこと，あるいは当量点を示す指示薬がないことなどから，実用的ではない．

1 濃度変化

　図 3-5 は，ハロゲン化物イオン X^-（Cl^-）を含む溶液に，硝酸銀 $AgNO_3$ 水溶液を加えていったときの X^- の濃度変化である．横軸は，滴下した（加えた）硝酸銀の量である．縦軸は，溶液内に残った X^- の濃度を対数で表示したものである．pH と同様に，マイナスを付けてあるので，数値が大きいほど（グラフの上部ほど），濃度は小さい．

2 滴定原理

　図 3-5 によれば，溶液中には，最初 0.1 mol/L（pX = 1）濃度の Cl^- があったことがわかる．そこに硝酸銀を加えていくと，銀イオン Ag^+ が Cl^- と反応して不溶性の塩化銀 $AgCl$ の沈殿として沈殿する．そのため，溶液内の Cl^- 濃度は減少し，Ag^+ 濃度が上昇する．すなわち，横軸上を右へ進行するほど減少（グラフとしては上昇）することになる．

　そして，当量点で大部分の Cl^- は $AgCl$ として沈殿するので，Cl^- の濃度を表す滴定曲線に明瞭な変化を与えることになる．この点を指示する指示薬があれば，滴定操作は完了する．

3 指示薬

　銀滴定の指示薬としては，クロム酸銀 Ag_2CrO_4 を用いることが多い．この方法は発見者の名前からモール法と呼ばれる．この方法はクロム酸銀の沈殿が赤く着色することを利用している．すなわち，溶液内にクロム酸イオン CrO_4^{2-} を加えておいて滴定すると，最初は溶けにくいハロゲン化銀が析出するが，その後溶液中のハロゲン化物イオンがわずかになると，クロム酸銀の着色沈殿が沈殿して，当量点であることを示してくれるわけである．

沈殿滴定の原理

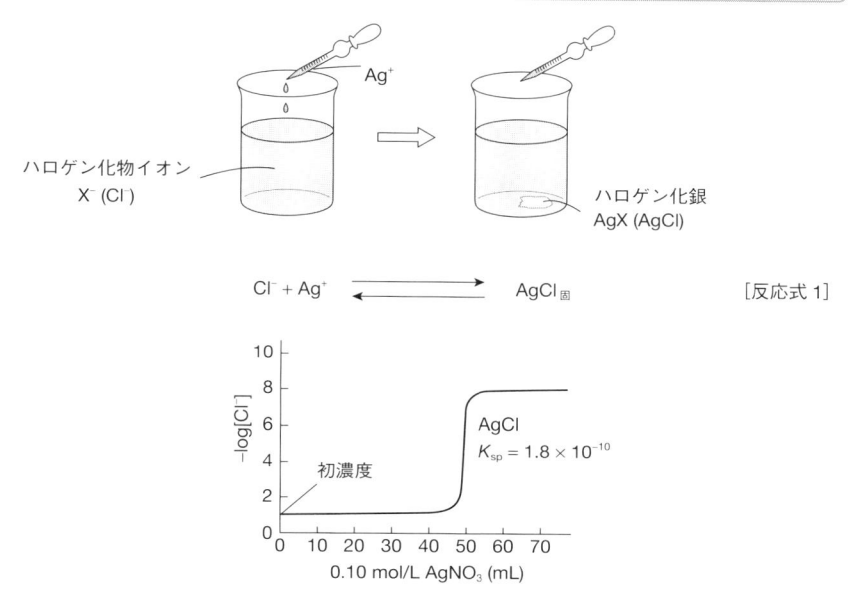

Cl⁻ + Ag⁺ ⇌ AgCl_固　　　　[反応式1]

AgCl
$K_{sp} = 1.8 \times 10^{-10}$

0.10 mol/L AgNO₃ (mL)

[赤岩英夫，柘植新，角田欣一，原口紘炁編，分析化学，p.68，図 4.6，丸善（1991）]

図 3-5

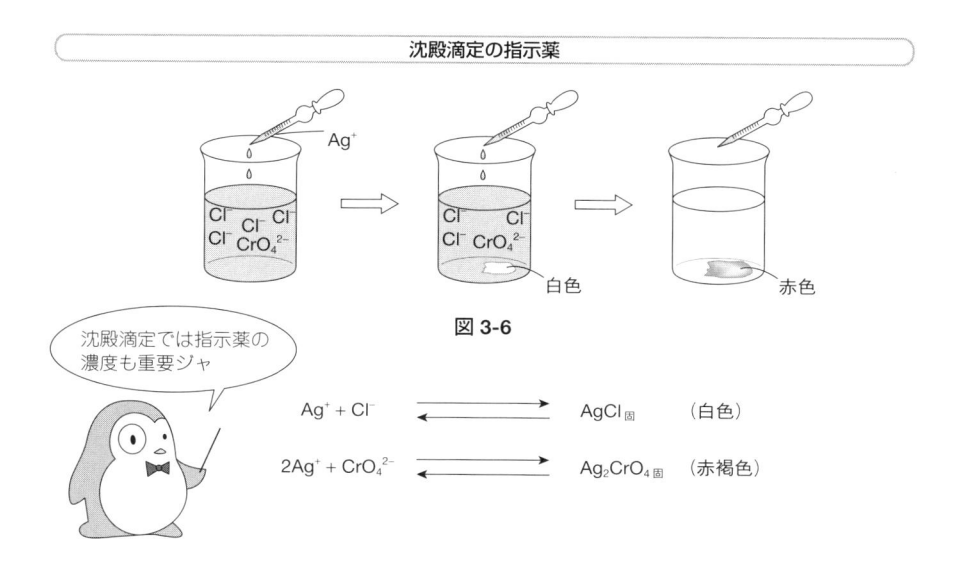

沈殿滴定の指示薬

白色　　赤色

図 3-6

沈殿滴定では指示薬の濃度も重要ジャ

$Ag^+ + Cl^- \rightleftharpoons AgCl_{固}$　　（白色）

$2Ag^+ + CrO_4^{2-} \rightleftharpoons Ag_2CrO_{4固}$　　（赤褐色）

> **column**　**CdS の溶解度に対する水素イオンの影響**

　反応を表す反応式と平衡を表す数式を利用して，反応を解析することは分析化学でよく行われることである．その例として，硫化カドミウム CdS の溶解度に対する水素イオンの影響を検討してみよう．

　表題からわかるとおり，第 4 節の応用である．問題は第 4 節で対象にしたヨウ素 I は 1 価のイオン I^- にしかならなかったのに対して，ここで対象にする硫黄 S は 2 価のイオン S^{2-} となるため，H^+ が増えると HS^-，H_2S という 2 種類の分子種となることである．

1　解析の方針
　Cd の濃度を溶解度積，平衡定数，水素イオン濃度で表す．

2　硫黄成分の濃度
　反応式 1 は CdS の沈殿平衡である．硫化物イオン S^{2-} は pH が下がって（酸性になって）水素イオンが増えると，反応式 2，3 で表されるように硫化水素イオン HS^-，硫化水素 H_2S と平衡関係になる．各々の平衡定数 K_1，K_2 はそれぞれ式 1，2 で表される．

　式 1，2 の積を作ると式 3 となる．式 1 と 3 を用いると HS^-，H_2S の濃度はそれぞれ式 4，5 として求めることができる．

3　カドミウムイオンの濃度
　CdS から解離した硫黄成分は S^{2-}，HS^-，H_2S のいずれかになっている．そして，硫黄成分すべての濃度の和は Cd^{2+} の濃度に等しいので，式 6 が成立する．式 6 を整理すると式 7 となる．式 7 のカッコ内の項では，第 3 項に比べるとほかの項は小さいので無視すると，式 8 のように近似することができる．そして式 8 から S^{2-} の濃度を求めると式 9 となる．

　CdS の溶解度積 K_{sp} は S^{2-} の濃度に Cd^{2+} の濃度をかければよいので，式 10 のようになる．この式から Cd^{2+} の濃度は式 11 で与えられることになる．式 11 は水素イオン H^+ 濃度が増えると，Cd^{2+} の濃度，すなわち CdS の溶解度が上がることを示している．

$$CdS \rightleftharpoons Cd^{2+} + S^{2-} \qquad \text{[反応式 1]}$$

$$S^{2-} + H^+ \rightleftharpoons HS^- \qquad \text{[反応式 2]}$$

$$K_1 = \frac{[S^{2-}][H^+]}{[HS^-]} \qquad \text{(式 1)}$$

$$HS^- + H^+ \rightleftharpoons H_2S \qquad \text{[反応式 3]}$$

$$K_2 = \frac{[HS^-][H^+]}{[H_2S]} \qquad \text{(式 2)}$$

$$K_1 \cdot K_2 = \frac{[S^{2-}][H^+]^2}{[H_2S]} \qquad \text{(式 3)}$$

$$[HS^-] = \frac{[S^{2-}][H^+]}{K_1} \qquad \text{(式 4)}$$

$$[H_2S] = \frac{[S^{2-}][H^+]^2}{K_1 K_2} \qquad \text{(式 5)}$$

$$[Cd^{2+}] = [S^{2-}] + [HS^-] + [H_2S] \qquad \text{(式 6)}$$

$$= [S^{2-}]\left(1 + \frac{[H^+]}{K_1} + \frac{[H^+]^2}{K_1 K_2}\right) \qquad \text{(式 7)}$$

$$\fallingdotseq [S^{2-}]\frac{[H^+]^2}{K_1 K_2} \qquad \text{(式 8)}$$

$$[S^{2-}] = [Cd^{2+}]\frac{K_1 K_2}{[H^+]^2} \qquad \text{(式 9)}$$

$$K_{sp} = [Cd^{2+}][S^{2-}] = [Cd^{2+}]^2 \frac{K_1 K_2}{[H^+]^2} \qquad \text{(式 10)}$$

$$[Cd^{2+}] = \left(\frac{K_{sp}}{K_1 K_2}\right)^{\frac{1}{2}}[H^+] \qquad \text{(式 11)}$$

> チラッと眺めて
> なかなか
> たいへんなんだなー
> と思ってもらえれば
> 十分ですョ

4章 定性分析

　宇宙は物質であふれている．物質は原子もしくは分子の集合体であり，分子は原子が結合したものである．物質はどのような原子からできているのか．それは，化学がその原初から常に変わらず持ち続けた疑問であり，その疑問に答えるのも分析化学の研究の一部である．

　現代化学では，原子・分子のエネルギーと光，赤外線などの電磁波の関係はスペクトルとして詳細に明らかになっている．実際，原子の特定は，このようなスペクトルを解析することによって行うことが多い．しかし，化学の基本は物質を扱うことであり，原子・分子の性質を体験を通じて身に付けるところに基本がある．

　ここでは，溶液中に存在する未知の金属イオンを主とした陽イオンの種類を特定する（同定という）方法を見ていくことにしよう．

第1節 分属

　陽イオンを化学的に同定するには，沈殿を生成して分離するという方法を用いる．

1 沈殿法

　溶液に特定の試薬 X^- を加えると，特定の陽イオン（A^+ とする）だけがその試薬と反応して沈殿 AX を生成する．したがって，その試薬を加えたときに沈殿が生成すれば溶液には A^+ が存在したことになり，沈殿が生成しなければ A^+ は存在しないことになる．続いて，その沈殿 AX を除いた後のろ液に，別の試薬 Y^- を加えて，それと特異的に反応して沈殿するイオン B^+ を同定する，という具合に次々と同定を繰り返していくことになる．

2 分属

　各種の陽イオンを，試薬と反応して沈殿を生成するかどうかということによって分類することを，**分属**という．本書では，一般的に行われている，表 4-1 に示したような分属試薬を用いた分類を行うことにする．この方法では，合計 6 つの属に分類することができる．

定性分析

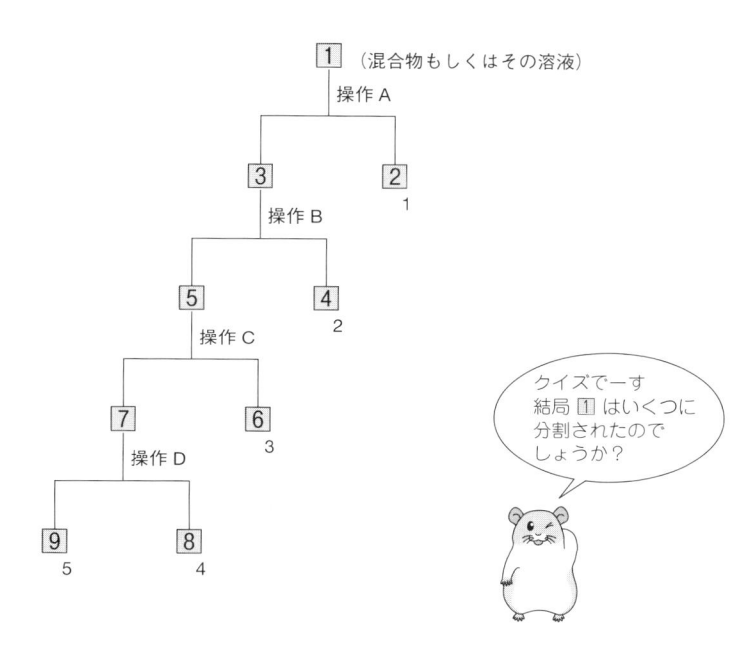

```
           1 (混合物もしくはその溶液)
           操作 A
         ┌──┴──┐
         3     2
       操作 B   1
       ┌──┴──┐
       5     4
     操作 C   2
     ┌──┴──┐
     7     6
   操作 D   3
   ┌──┴──┐
   9     8
   5     4
```

クイズでーす
結局 1 はいくつに分割されたのでしょうか？

答え：5 つだと思うんダケド，ホントウ？

分属

属	分属試薬	イオン	
第1属	HCl	Ag^+, Hg_2^{2+}, Pb^{2+}, Tl^+	
第2属	酸性 H_2S	A	Cu^{2+}, Cd^{2+}, Hg^{2+}, Pb^{2+}, Bi^{3+}
		B	As^{3+}, As^{5+}, Sn^{2+}, Sn^{4+}, Sb^{3+}, Sb^{5+}
第3属	NH_3Cl, NH_3aq	Be^{2+}, Al^{3+}, Cr^{3+}, Fe^{3+}, (Mn^{3+})	
第4属	$NH_3aq + H_2S$	Mn^{2+}, Co^{2+}, Ni^{2+}, Zn^{2+}	
第5属	$(NH_4)_2CO_3$	Li^+, Ca^{2+}, Sr^{2+}, Ba^{2+}	
第6属	なし	Na^+, Mg^{2+}, K^+, Pb^+, NH_4^+	

表 4-1

第2節 第1属の同定

各種の陽イオンを，試薬に対する反応性の違いによって，6つの属に分類した．これからの節では，これら各属の同定について見ていくことにする．

1 同定操作

同定のための操作は，基本的に三つである．
1 試薬を加えて沈殿を作る．
2 沈殿をろ過して，沈殿とろ液に分ける．ろ液は次の属の検出に使うため保管する．
3 沈殿の成分を明らかにする．そのためには，さらに次の操作を行う．
 a 沈殿を洗う．固形物（不溶物）と洗液（ろ液，溶解物）に分ける．
 b 沈殿に試薬を加えて溶解し，さらに次の試薬を加えて新しい沈殿を生成させる．沈殿とろ液に分ける．

このような操作の繰り返しによって，沈殿，ろ液ともに単一の陽イオンしか含まない状態にまで持っていくのである．

2 第1属の同定

第1属の同定は以下のような操作によって行う．
① 未知試料に塩酸を加えて温める．沈殿が生成したら，これをろ過して沈殿1とする．沈殿1には第1属元素，すなわち Ag^+，Hg_2^{2+}，Pb^{2+} が含まれている可能性がある．ろ液はろ液Ⅰとして，第2属以下の同定に使う．
② 沈殿1を熱湯で洗浄する．熱湯に溶けなかった沈殿を沈殿2とし，ろ液（洗浄液）をろ液2とする．沈殿2に含まれる可能性のあるものは $AgCl$ と Hg_2Cl_2 である．
③ 沈殿2をアンモニア水に加える．黒い沈殿3が残ればこれは Hg_2Cl_2 である．ろ液はろ液3とする．
④ ろ液2に水酸化ナトリウム水溶液とホルムアルデヒド水溶液を加える．黒灰色の沈殿が生じれば，これは Ag である．
⑤ ろ液2に飽和酢酸アンモニウム水溶液とクロム酸カリウム水溶液を加える．黄色の沈殿が生じたら，これは $PbCrO_4$ である．

同定操作

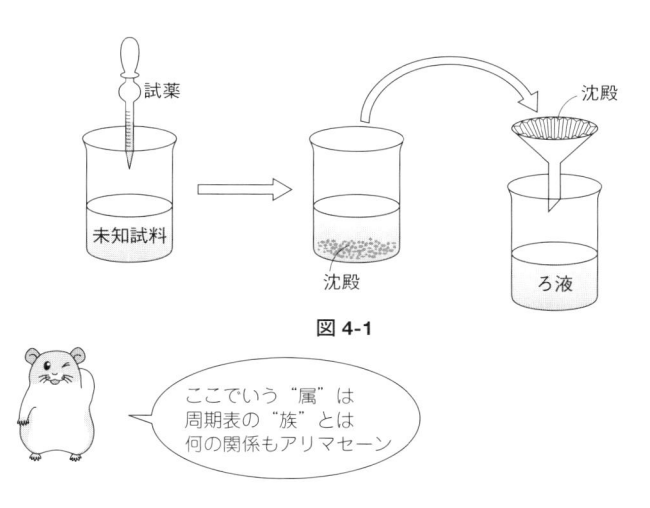

図 4-1

ここでいう "属" は
周期表の "族" とは
何の関係もアリマセーン

第 1 属の同定

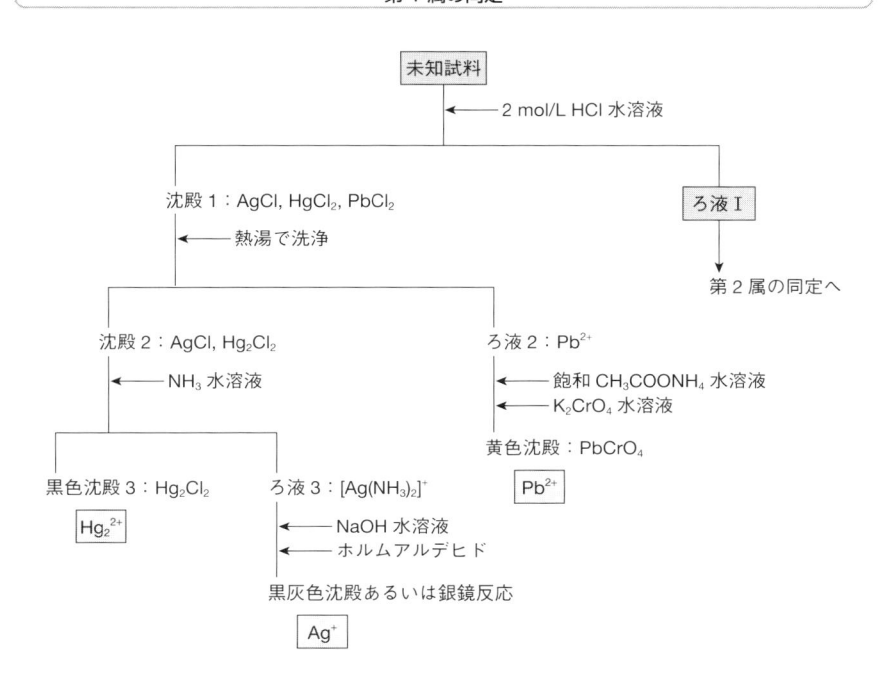

未知試料
↓ ← 2 mol/L HCl 水溶液

沈殿 1：AgCl, $HgCl_2$, $PbCl_2$
↓ ← 熱湯で洗浄

ろ液 I → 第 2 属の同定へ

沈殿 2：AgCl, Hg_2Cl_2
↓ ← NH_3 水溶液

ろ液 2：Pb^{2+}
← 飽和 CH_3COONH_4 水溶液
← K_2CrO_4 水溶液

黄色沈殿：$PbCrO_4$
Pb^{2+}

黒色沈殿 3：Hg_2Cl_2
Hg_2^{2+}

ろ液 3：$[Ag(NH_3)_2]^+$
← NaOH 水溶液
← ホルムアルデヒド

黒灰色沈殿あるいは銀鏡反応
Ag^+

第3節 第2属の同定①（A系統の同定・前半）

　第2属の同定には，前節で保管したろ液Ⅰを用いる．第2属はさらにA系統とB系統に分けることができる．第2属の分析操作は長くなるので，本節ではA系統の同定の前半だけを扱うことにする．A系統の同定の後半とB系統の同定は次節で見ることにしよう．

① 第1属の分析操作で生じたろ液Ⅰに硫化水素を吹き込む．生成した沈殿をろ過して沈殿1とする．沈殿1には，図に示した第2属A系統の陽イオンが含まれている可能性がある．ろ液はろ液Ⅱとして，第3属以下の同定のために保管する．

② 沈殿1を熱多硫化ナトリウム Na_2S_x 水溶液に加え，加熱する．沈殿があればろ過し，沈殿2とろ液2に分ける．沈殿2には，CuS，CdS，PbS，Bi_2S_3 が含まれている可能性があり，ろ液2にはB系統のイオンが含まれている可能性がある．

③ 沈殿2を硝酸に加え加熱し，沈殿を溶かした後，硫酸を加えて水分を蒸発させる．その後水を加え，不溶物があればろ過して，沈殿3とろ液3に分ける．

④ 沈殿3をクロム酸カリウム水溶液に加える．沈殿が黄色くなれば，沈殿は $PbSO_4$ である．なお Pb^{2+} は第1属としても同定されている．

---

column　炎色反応

　本章第7節では炎色反応を用いて分析する．炎色反応とは，金属イオンを含む溶液を白金線に浸け，それを炎の中に入れると各金属に固有の色を持った炎が現われる現象で，炎の色から，金属をある程度同定することができる．花火の色は炎色反応の応用である．各金属の炎色反応の色を表にまとめた．

第2属の同定①（A系統の同定・前半）

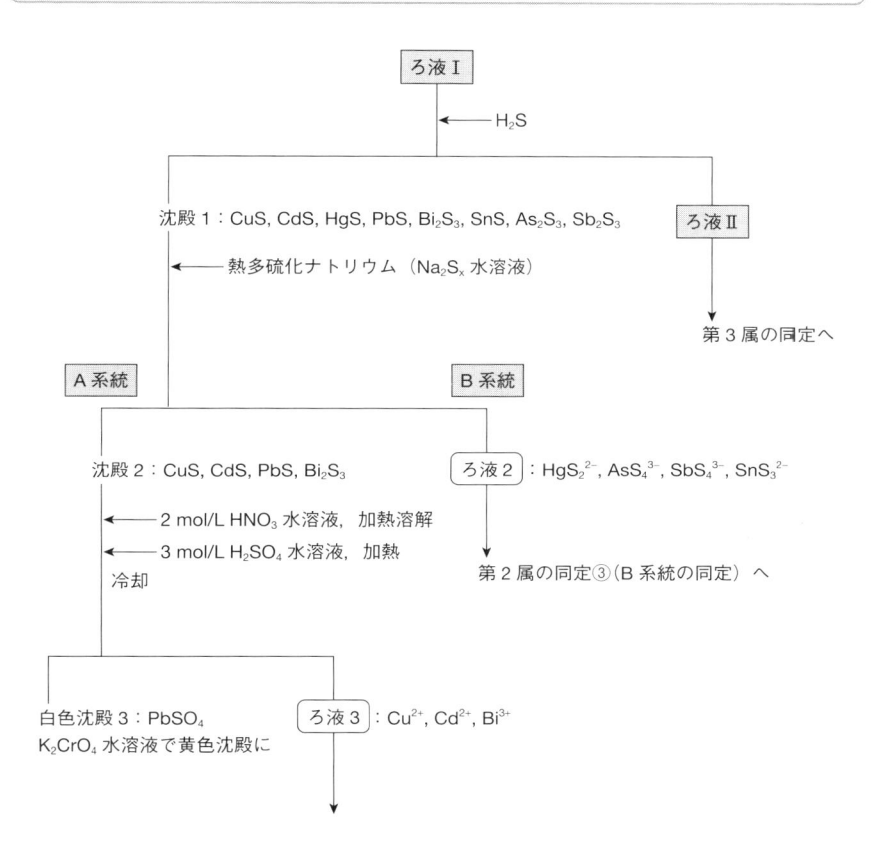

ろ液Ⅰ
　　← H_2S

沈殿1：$CuS, CdS, HgS, PbS, Bi_2S_3, SnS, As_2S_3, Sb_2S_3$　　ろ液Ⅱ
　　← 熱多硫化ナトリウム（Na_2S_x 水溶液）

ろ液Ⅱ → 第3属の同定へ

【A系統】　　　　　　　　　　　　　　【B系統】

沈殿2：CuS, CdS, PbS, Bi_2S_3　　　ろ液2：$HgS_2^{2-}, AsS_4^{3-}, SbS_4^{3-}, SnS_3^{2-}$
　　← 2 mol/L HNO_3 水溶液，加熱溶解
　　← 3 mol/L H_2SO_4 水溶液，加熱
　　冷却　　　　　　　　　　　　　　第2属の同定③（B系統の同定）へ

白色沈殿3：$PbSO_4$　　　　ろ液3：$Cu^{2+}, Cd^{2+}, Bi^{3+}$
K_2CrO_4 水溶液で黄色沈殿に

金属	Li	Na	K	Rb	Cs	Ca
炎色	深赤	黄	赤紫	深赤	青紫	橙赤
金属	Sr	Ba	Cu	In	Tl	
炎色	深赤	緑	青緑	深青	黄緑	

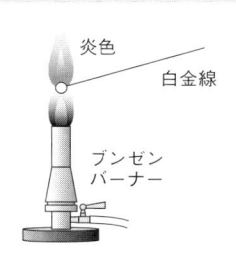

炎色　白金線　ブンゼンバーナー

第4節 第2属の同定②（A系統の同定・後半およびB系統の同定）

　第2属の分析操作のうち，A系統の同定の後半部分（ろ液3の分析）およびB系統の同定（3液2の分析）を見ていくことにしよう．

1 A系統の同定・後半

⑤　ろ液3にアンモニア水を加える．沈殿が生じたらろ過して，沈殿4とろ液4に分ける．

⑥　沈殿4を塩化第一スズ $SnCl_2$，水酸化ナトリウム水溶液に加える．沈殿が黒くなれば沈殿4は $Bi(OH)_3$ であり，Bi^{3+} の存在がわかる．

⑦　ろ液4が青色なら Cu^{2+} が存在する可能性がある．ろ液4にヘキサシアノ鉄（Ⅱ）カリウム $K_4[Fe(CN)_6]$ 水溶液を加える．赤褐色の沈殿5が生じたら，これは $Cu_2[Fe(CN)_6]$ であり，Cu^{2+} の存在がわかる．ろ過して，ろ液をろ液5とする．

⑧　ろ液5に硫化水素を吹き込む．その結果黄色沈殿が生じたら，これは CdS であり，Cd^{2+} の存在がわかる．

CdS の沈殿を除いた後の残りのろ液6は不要なので廃棄してよい．

以上でA系統の分析は終わりである．

2 B系統の同定

　前節のろ液2の中に存在する元素を特に第2属B系統という．B系統に属するイオンの同定は，次のように行う．

①　先のろ液2に塩酸を加える．沈殿が生じたら，これをさらに塩酸で洗浄する．洗浄しても溶けなかった分を沈殿7とし，洗液をろ液7とする．

②　沈殿7には HgS，As_2S_5 が存在する可能性がある．次亜塩素酸ナトリウム $NaClO$ 水溶液やアンモニア水を用いてそれぞれの同定を行う．

③　ろ液7には $SbCl_4^-$ や $SnCl_6^{2-}$ が存在する可能性がある．リンモリブデン酸 $12MoO_3 \cdot H_3PO_4$ や金属マグネシウムを用いて同定を行う．

以上で第2属の同定は完了である．

第2属の同定② (A系統の同定・後半)

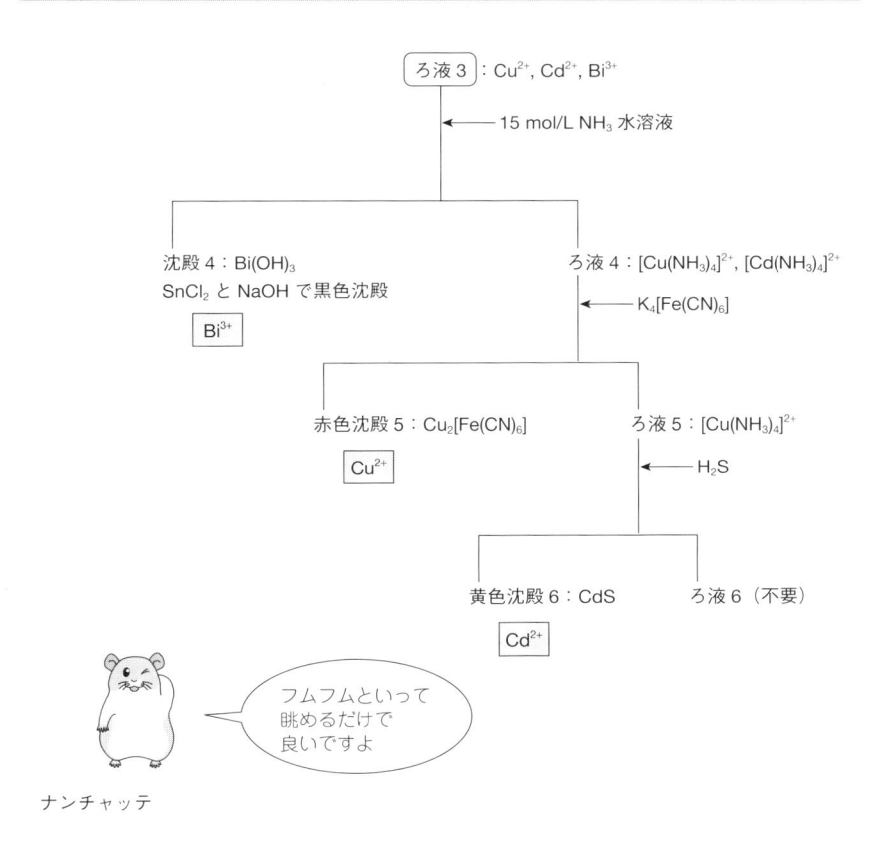

ろ液3: Cu^{2+}, Cd^{2+}, Bi^{3+}

↓ ← 15 mol/L NH_3 水溶液

- 沈殿4: $Bi(OH)_3$
  $SnCl_2$ と NaOH で黒色沈殿
  → Bi^{3+}

- ろ液4: $[Cu(NH_3)_4]^{2+}$, $[Cd(NH_3)_4]^{2+}$
  ↓ ← $K_4[Fe(CN)_6]$

  - 赤色沈殿5: $Cu_2[Fe(CN)_6]$
    → Cu^{2+}

  - ろ液5: $[Cu(NH_3)_4]^{2+}$
    ↓ ← H_2S

    - 黄色沈殿6: CdS
      → Cd^{2+}

    - ろ液6 (不要)

フムフムといって眺めるだけで良いですよ

ナンチャッテ

第2属の同定③ (B系統の同定)

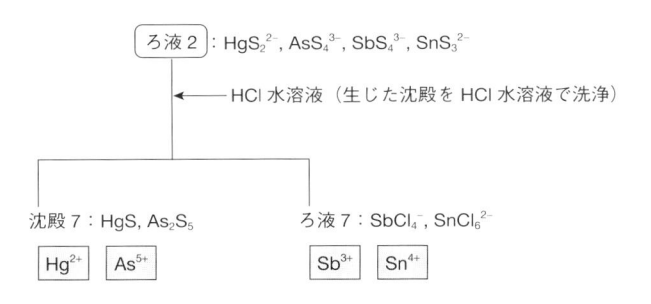

ろ液2: HgS_2^{2-}, AsS_4^{3-}, SbS_4^{3-}, SnS_3^{2-}

↓ ← HCl 水溶液 (生じた沈殿を HCl 水溶液で洗浄)

- 沈殿7: HgS, As_2S_5
  → Hg^{2+}, As^{5+}

- ろ液7: $SbCl_4^-$, $SnCl_6^{2-}$
  → Sb^{3+}, Sn^{4+}

第5節 第3属の同定

　同定の方法は第1属，第2属の同定からおおむね理解できるとおりである．ここでは，第3属の同定のあらましを見ることにしよう．

　第3属は，先のろ液Ⅱの中に入っている．ろ液Ⅱから，第3属元素だけを抜き出す操作を行う．
① ろ液Ⅱには先の操作によって加えた，硫化水素が残っている可能性がある．そのため，溶液を加熱して硫化水素を気化させて除く．
② 塩化アンモニウム水溶液，アンモニア水，臭素水溶液を加えて加熱する．沈殿が生成したらろ過し，ろ液をそれぞれ沈殿1，ろ液Ⅲとする．沈殿1には $Al(OH)_3$，$Fe(OH)_3$，$Cr(OH)_3$ が入っている可能性がある．ろ液Ⅲは第4属以下の同定に用いるため保管する．
③ 沈殿1を水酸化ナトリウム水溶液と過酸化水素の混合溶液に加えて加熱する．不溶物があったらろ過して沈殿2とし，ろ液をろ液2とする．沈殿2は $Fe(OH)_3$ である．したがって，ここで沈殿が生じたら Fe^{3+} が存在することになる．
④ ろ液2には $Al(OH)_4^-$，CrO_4^{2-} が含まれている可能性がある．そこで，$Al(OH)_4^-$，CrO_4^{2-} が含まれているかをそれぞれ個別に調べるため，ろ液2を二分する．
⑤ 酢酸鉛を加えて黄色沈殿ができれば CrO_4^{2-} が存在することになる．
⑥ アルミノン試薬を加えたときに赤色沈殿が生じれば $Al(OH)_4^-$ が存在することになる．

以上で第3属の分析同定は完了である．

column　定性分析

　現在では，元素の同定は第12章第8節で見る原子吸光分析などの機器分析で簡単かつ定量的に行うことができる．しかし定性分析は化学物質を扱うよい訓練になるので，学生実験としてカリキュラムに残している大学が多い．

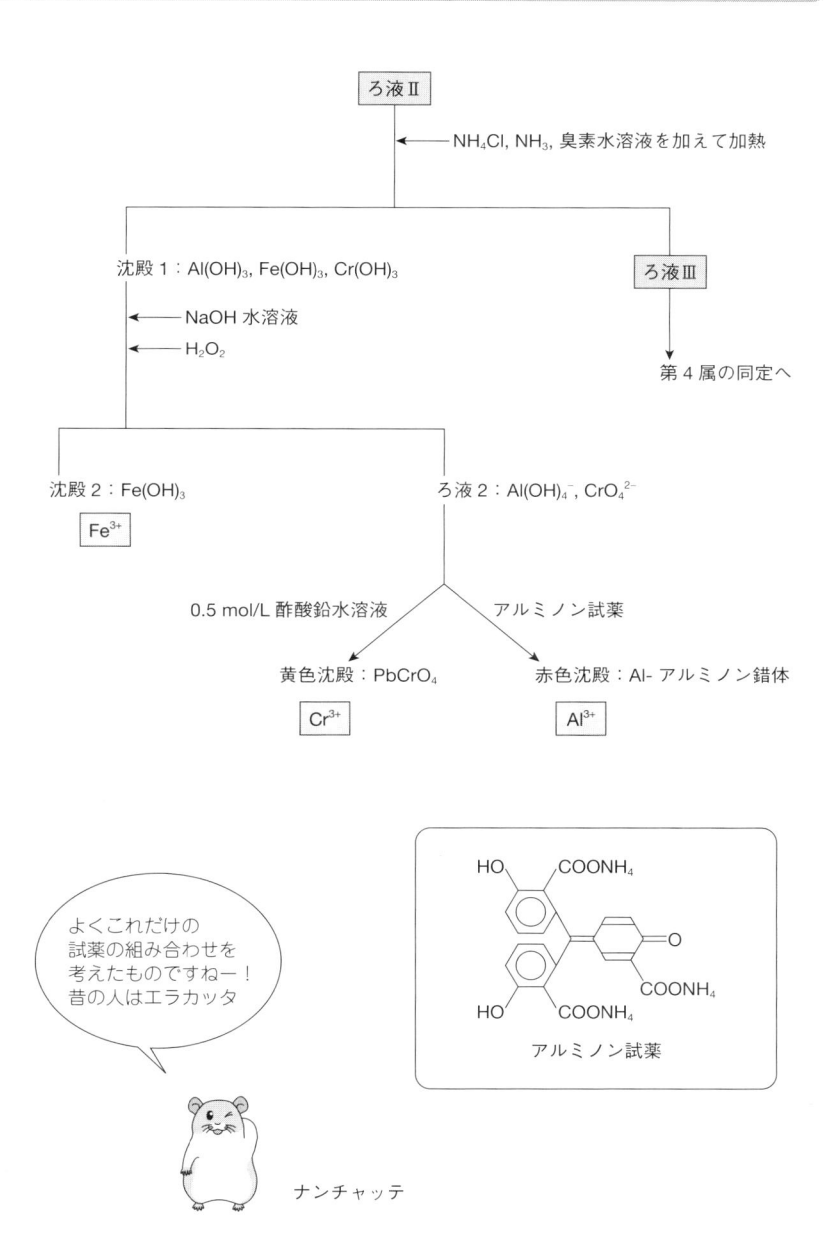

第3属の同定

ろ液Ⅱ
← NH₄Cl, NH₃, 臭素水溶液を加えて加熱

沈殿1：Al(OH)₃, Fe(OH)₃, Cr(OH)₃
← NaOH 水溶液
← H₂O₂

ろ液Ⅲ
↓
第4属の同定へ

沈殿2：Fe(OH)₃
Fe^{3+}

ろ液2：Al(OH)₄⁻, CrO₄²⁻

0.5 mol/L 酢酸鉛水溶液 ／ アルミノン試薬

黄色沈殿：PbCrO₄
Cr^{3+}

赤色沈殿：Al-アルミノン錯体
Al^{3+}

> よくこれだけの試薬の組み合わせを考えたものですねー！昔の人はエラカッタ

ナンチャッテ

アルミノン試薬

第6節 第4属の同定

　第4属は前節のろ液Ⅲの中に入っている．第4属の同定は基本的に今までの操作と同様である．

① ろ液Ⅲに硫化水素を吹き込む．沈殿が生成したらろ過して，沈殿1とろ液Ⅳとする．沈殿1には第4属イオンの硫化物，CoS, NiS, ZnSが入っている可能性がある．ろ液Ⅳは第5属以下のイオンを検出するために保管する．
② 沈殿1を次亜塩素酸ナトリウム水溶液と塩酸の混合溶液に加えて溶かす．その後，過酸化水素と水酸化ナトリウム水溶液を加える．沈殿が生じたらろ過して，沈殿2，ろ液2とする．
③ 沈殿2には$Co(OH)_3$，$Ni(OH)_2$が含まれている可能性がある．それぞれをα-ニトロソ-β-ナフトール水溶液，ジメチルグリオキシムを用いてNi^{2+}，Co^{2+}の存在を確認する．
④ ろ液2には$Zn(OH)_4^{2-}$が含まれている可能性がある．硫化水素を吹き込んで白色沈殿が生じたら，これはZnSであり，Zn^{2+}が存在する．

---

column　定性分析に用いる実験器具

　定性分析は実験操作としては易しいものに属するので，特別の器具を用いることは少ない．しかし，それだけに，用いる器具は基礎的なものばかりであり，名前と用途を覚えておくことはたいせつである．主なものを挙げておこう．
ビーカー：容器，反応容器．
丸底フラスコ：容器，反応容器．
エルレンマイヤーフラスコ：容器，反応容器．三角フラスコとも呼ばれる．
時計皿：少量の溶液を取り分けるときに使う．
ピペット：溶液を加えるときに用いる．
漏斗：溶液を細い口の容器に入れるときや，結晶をろ過するときに使う．
ろ紙：結晶をろ過するときに漏斗とともに用いる．
薬包紙：結晶や粉末試薬を包むのに使う．

第4属の同定

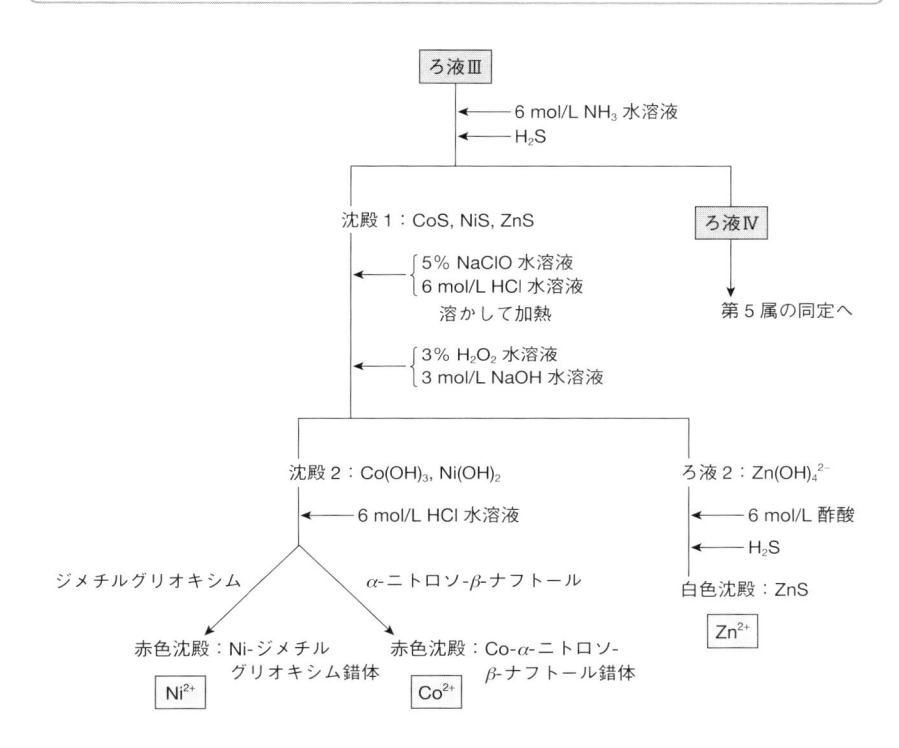

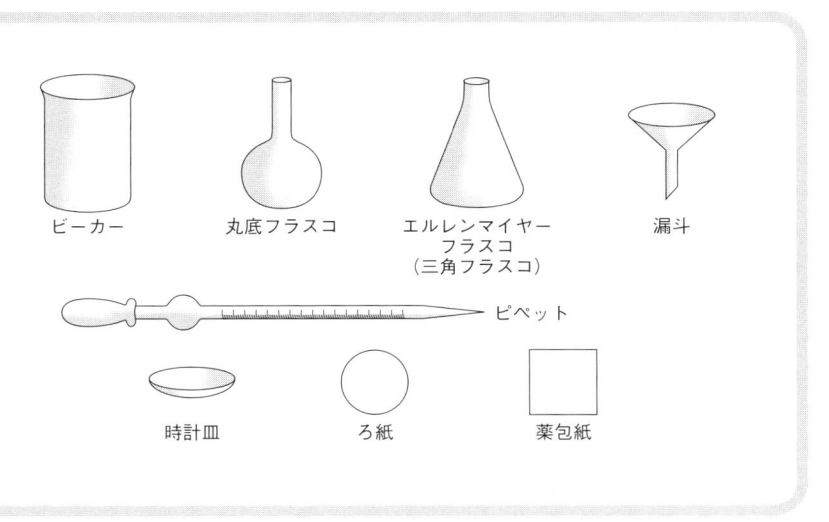

```
ろ液Ⅲ
  │ ← 6 mol/L NH₃ 水溶液
  │ ← H₂S
  ├─────────────────────────┐
沈殿1：CoS, NiS, ZnS      ろ液Ⅳ
  │ ← 5% NaClO 水溶液         │
  │   6 mol/L HCl 水溶液      ↓
  │   溶かして加熱           第5属の同定へ
  │ ← 3% H₂O₂ 水溶液
  │   3 mol/L NaOH 水溶液
  ├─────────────────────────┐
沈殿2：Co(OH)₃, Ni(OH)₂    ろ液2：Zn(OH)₄²⁻
  │ ← 6 mol/L HCl 水溶液       │ ← 6 mol/L 酢酸
  │                          │ ← H₂S
  │                          白色沈殿：ZnS
  │                           [Zn²⁺]
  ├──────────┬──────────┐
ジメチルグリオキシム   α-ニトロソ-β-ナフトール

赤色沈殿：Ni-ジメチル      赤色沈殿：Co-α-ニトロソ-
  グリオキシム錯体           β-ナフトール錯体
  [Ni²⁺]                    [Co²⁺]
```

- ビーカー
- 丸底フラスコ
- エルレンマイヤーフラスコ（三角フラスコ）
- 漏斗
- ピペット
- 時計皿
- ろ紙
- 薬包紙

第7節　第5属，第6属の同定

第5属，第6属の同定も，基本的に今までの操作と同様である．

1 第5属の同定

先に保管しておいたろ液Ⅳを用いて行う．

① ろ液にアンモニアを加えてアルカリ性にした後，炭酸アンモニウムを加える．沈殿が生成したらろ過して，沈殿1，ろ液Ⅴとする．
② 沈殿1を酢酸に加えて溶かした後，クロム酸カリウム水溶液を加える．新たな沈殿が生成したらろ過して，沈殿2とろ液2とする．黄色の沈殿2は$BaCrO_4$であり，Ba^{2+}の存在がわかる．
③ ろ液2に炭酸アンモニウム水溶液を加える．沈殿が生じたらCa^{2+}，Sr^{2+}が存在する可能性がある．ろ過して，沈殿3とろ液3とする．ろ液3は不要なので廃棄する．
④ 沈殿3を塩酸に加えて溶かし，その後，硫酸ナトリウムを加える．沈殿が生成したらろ過して，沈殿4とろ液4とする．沈殿4は$SrSO_4$である．ろ液4は炎色反応を行い，Ca^{2+}の存在（橙赤色）を確認する．

2 第6属の同定

いよいよ最後の第6属イオンである．上で保管したろ液Ⅴを用いる．

① 溶液を二分し，A，Bとする．
② 片方（A）を蒸発乾固する．これを塩酸に溶かした後，溶液を二分する．
③ 片方の溶液にアンチモン酸カリウム$KSbO_3$水溶液を加える．白色沈殿が生成すればNa^+が存在することになる．
④ もう一方の溶液にヘキサニトロコバルト（Ⅲ）酸ナトリウム$Na_3Co(NO_2)_6$水溶液を加えて黄色沈殿が生成すれば，K^+が存在することになる．
⑤ 先の溶液Bにリン酸二水素ナトリウムNaH_2PO_4水溶液を加える．白色沈殿が生じたらMg^{2+}が存在することになる．

以上で，陽イオンの系統的同定が完了したことになる．

第5属の同定

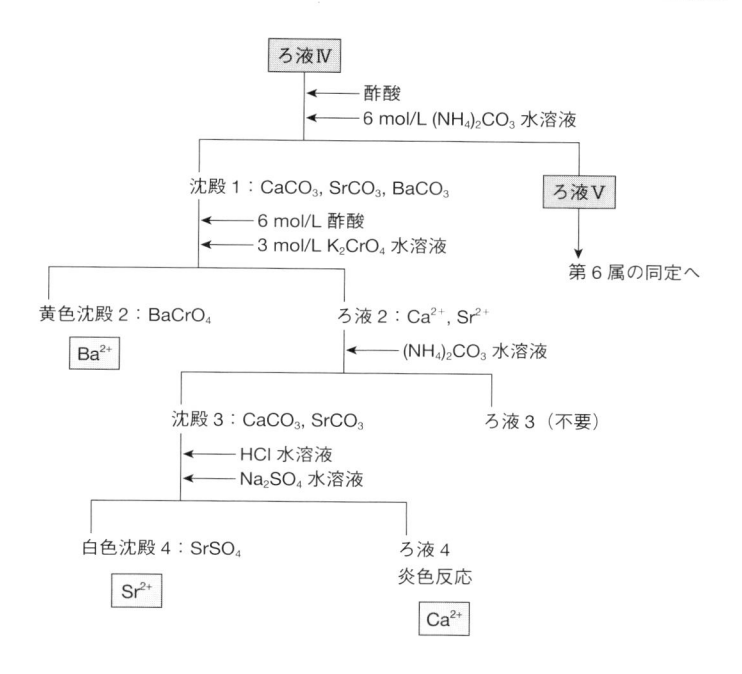

ろ液Ⅳ
├─ 酢酸
└─ 6 mol/L $(NH_4)_2CO_3$ 水溶液

沈殿1：$CaCO_3$, $SrCO_3$, $BaCO_3$
├─ 6 mol/L 酢酸
└─ 3 mol/L K_2CrO_4 水溶液

ろ液Ⅴ → 第6属の同定へ

黄色沈殿2：$BaCrO_4$ → Ba^{2+}

ろ液2：Ca^{2+}, Sr^{2+}
└─ $(NH_4)_2CO_3$ 水溶液

沈殿3：$CaCO_3$, $SrCO_3$
├─ HCl 水溶液
└─ Na_2SO_4 水溶液

ろ液3（不要）

白色沈殿4：$SrSO_4$ → Sr^{2+}

ろ液4 炎色反応 → Ca^{2+}

第6属の同定

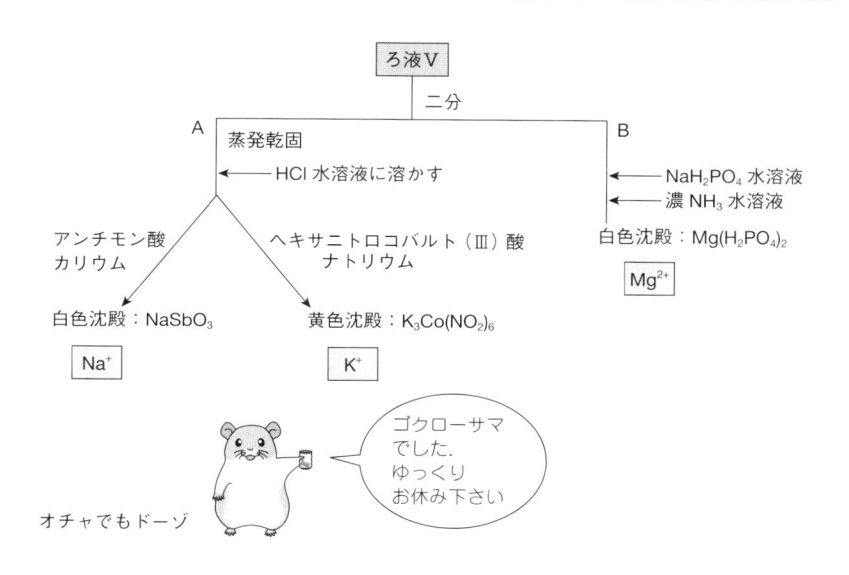

ろ液Ⅴ 二分

A　蒸発乾固
└─ HCl 水溶液に溶かす

　アンチモン酸カリウム　　　ヘキサニトロコバルト（Ⅲ）酸ナトリウム

白色沈殿：$NaSbO_3$ → Na^+

黄色沈殿：$K_3Co(NO_2)_6$ → K^+

B
├─ NaH_2PO_4 水溶液
└─ 濃 NH_3 水溶液

白色沈殿：$Mg(H_2PO_4)_2$ → Mg^{2+}

ゴクローサマでした．ゆっくりお休み下さい

オチャでもドーゾ

5章 錯形成平衡

　分析化学の分野では，溶液中の金属イオンを定量する場合（容量分析，第8章参照）に，キレート滴定という方法がよく用いられる．本章では金属イオンの溶媒への溶解やキレート滴定の基礎となる錯体について見ていこう．

第1節 配位結合と錯体

　そもそも錯体とはどのような化合物なのだろうか？　その疑問に答えるために，まず最初に錯体を形作るための化学種と結合について見ていこう．

1 ルイスの酸・塩基

　錯体を生成する化学種については，ルイスの酸・塩基の考え方がわかりやすい．第2章で見たように，ルイスは，相手に電子対を与える**電子供与性化学種**を**塩基**，逆に相手から電子対を受ける**電子受容性化学種**を**酸**と定義した．ルイスの考えに従えば，ルイス塩基としては O，N，S などの非共有電子対を持つ原子を含む化合物や陰イオンが，ルイス酸としては水素イオン（H^+）や金属イオンが代表的なものである．

2 配位結合

　簡単にいえば，錯体とはルイス酸と配位子と呼ばれるルイス塩基との間の電子の受けわたしにより生じた化合物であり，その大部分が配位結合という結合からなる（例外も多くある）．

　配位結合とは，水素イオン H^+ とアンモニア NH_3 との間の結合を例にとると，アンモニアの窒素原子の非共有電子対を水素イオンの電子の空軌道に与えて共有結合を形成し，アンモニウムイオン NH_4^+ を生じるような，塩基から酸への電子対の授受に基づく結合をいう（特にこの場合はプロトン付加反応という）．配位結合により生じた化学種は錯体である（ただし，アンモニウムイオンは錯体に含まれないので注意）．そして，酸に配位する塩基を配位子という．

　錯体には，結合するルイス酸とルイス塩基の組み合わせにより，陽イオン，陰イオン，電気的に中性な化学種が存在する．

錯形成反応

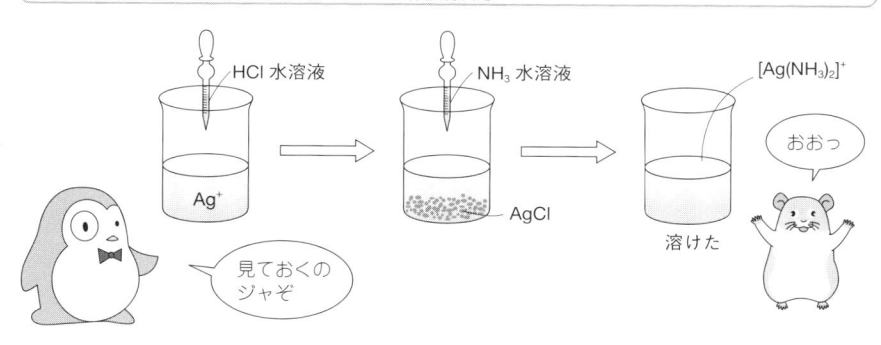

HCl 水溶液 → NH₃ 水溶液 → [Ag(NH₃)₂]⁺

Ag⁺ → AgCl → 溶けた

見ておくのジャぞ

おおっ

配位結合

H^+ + NH_3 ⇌ NH_4^+

電子が足りない
ルイス酸

ルイス塩基

電子を提供（配位結合）

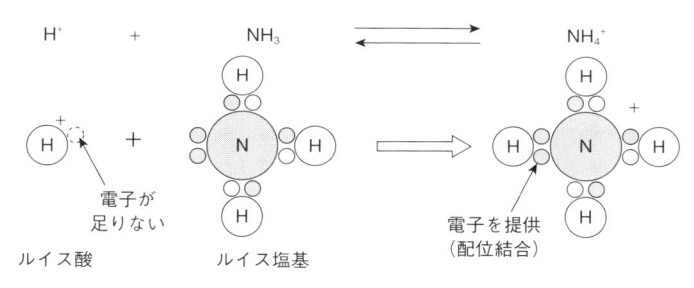

図 5-1

錯体

Fe^{2+} + $6CN^-$ ⇌ $[Fe(CN)_6]^{4-}$

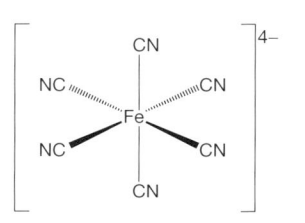

シアン化物イオン　　ヘキサシアノ鉄（Ⅱ）酸イオン
（フェロシアン酸イオン）

金属イオン　　配位子　　錯イオン（錯体）

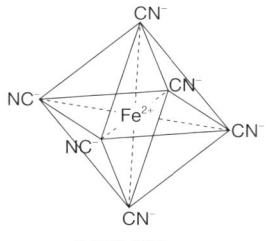

$[Fe(CN)_6]^{4-}$ の錯イオン

八面体構造

図 5-2

第1節◆配位結合と錯体

第2節 錯体の基礎と溶媒和

　一般に，金属塩（金属イオンと陰イオンが対になって生成したイオン性塩）は有機溶媒にはたいへん溶けにくい．しかし，多くの金属塩は水に溶解し，一部の極性の高い有機溶媒にもいくらか溶けることが知られている．これは，塩が溶媒に溶解する際，各イオン種に解離してから，極性溶媒と相互作用して溶媒和するためである．まずは，金属イオンの溶媒和から錯体について考えてみよう．

1 HSAB則

　第2章第4節で見たHSAB則は錯体の生成に重要な関わりを持つので，この機会に見直しておこう．錯体の生成に関するHSAB則とは，錯体を構成する化学種について，**硬い酸—硬い塩基**，**軟らかい酸—軟らかい塩基**の組み合わせが安定な錯体を形成する，というものである．これは，硬い酸—硬い塩基の錯体の結合は**イオン結合性**が強くなり，軟らかい酸—軟らかい塩基の錯体では**共有結合性**が強くなることによる．

2 溶媒和

　一般に金属イオンは溶液中において，単独では存在せず，常に溶媒和している．ここでいう溶媒和とは，極性溶媒を構成している原子のうち，O，N，Sのような非共有電子対（孤立電子対）を持つ原子（ルイス塩基）が，その非共有電子対を金属イオン（ルイス酸）の空の電子軌道にわたして配位結合を生成する反応である．このような溶媒和した化学種も広い意味で錯体とみなすことができる．

　簡単にいえば金属イオンが関わっている錯体は，電子を受け入れることができる金属イオンの軌道に，非共有電子対を持つ分子や陰イオンが，その電子対をわたして金属イオンとの間に結合を生成した化学種である．このように，錯体の生成は分析化学にとどまらず化学一般で生じる現象であり，また生物化学の分野でもきわめて重要な役割を演じていることが容易に想像できる．

　本書では，分析化学の分野で扱われる金属イオンを中心とした錯体を取り上げる．ちなみに，錯体には金属イオン以外の有機分子同士の間で生成した化合物（電荷移動錯体）もある．

HSAB則

大きい配位子のとき

硬い（小さい）金属イオン

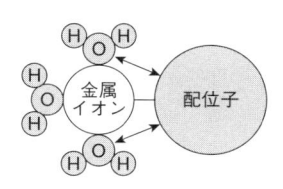

金属イオンと配位子の結合が弱い
水和が強く配位子が近づきにくい
↓
配位しにくい

軟らかい（大きい）金属イオン

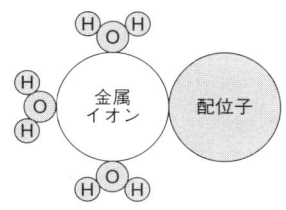

金属イオンと配位子の結合が強い
水和が弱く配位子が近づきやすい
↓
配位しやすい

小さい配位子のとき

硬い（小さい）金属イオン

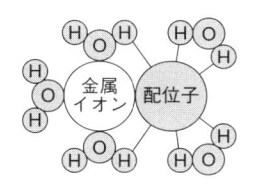

金属イオンと配位子の結合が強い
金属イオンの水和水と水素結合する
↓
配位しやすい

軟らかい（大きい）金属イオン

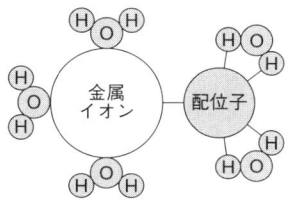

金属イオンと配位子の結合が弱い
配位子の水和が強い
↓
配位しにくい

図 5-3

溶媒和

$FeCl_3$ →(水に溶解)→ $[Fe(H_2O)_6]^{3+}$ + $3Cl^-$（水和している）

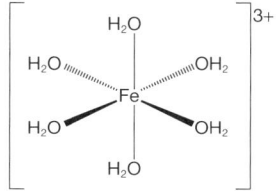

$$\left[\begin{array}{c} H_2O \\ H_2O \cdots Fe \cdots OH_2 \\ H_2O \quad OH_2 \\ H_2O \end{array}\right]^{3+}$$

図 5-4

第3節 錯形成反応

　金属イオンが溶解している溶液中では，金属イオンは非共有電子対を持つ溶媒分子と配位結合を形成しているが，配位する溶媒や配位子の数は金属イオンの種類や電荷により一定の値をとるものが多い．特に，遷移金属イオンについてその傾向は顕著である．ここでは，このような溶媒和を考えに入れて錯形成反応を見ていこう．

　分析化学において，水溶液中の金属イオンが扱われることは多い．水溶液中に溶解した m 価の金属イオン M^{m+} は，分子内に塩基である酸素原子を持つ水が n 個結合した $[M(H_2O)_n]^{m+}$ と表すことができる．

　このように水溶液中において金属イオンは水和しているために，配位子が金属イオンと錯体を形成するためには水分子と入れ替わらなければならない（このような反応を**配位子置換反応**という）．たとえば，水和した金属イオン $[M(H_2O)_n]^{m+}$ と電気的に中性の配位子である l 個のアンモニア NH_3 から錯体が生成する反応は次式のように書ける．

$$[M(H_2O)_n]^{m+} + lNH_3 \leftrightarrows [M(H_2O)_{(n-l)}(NH_3)_l]^{m+} + (n-l)H_2O \quad (ただし，n-l \geq 0)$$

　この式は中性配位子 NH_3 と水和金属イオンとの反応について示している．このようにして，水和した金属イオンが中性または陰イオン性の配位子と配位結合により錯体を生成することを**錯形成（錯体形成）反応**または**錯生成（錯体生成）反応**という．配位子が陰イオン性である場合には，当然，配位した陰イオンの価数分の電荷を差し引いた電荷を持つ錯体が生じる．

　図 5-5 には塩化鉄（Ⅲ）$FeCl_3$ を水に溶解したときの Fe^{3+} の水和錯体と，その水溶液にアンモニアを添加したときの錯形成反応（水分子との配位子置換反応）を例にして示した．

　錯形成反応の反応式は，水中における水和を省略して

$$M^{m+} + lNH_3 \leftrightarrows [M(NH_3)_l]^{m+}$$

と書き表されることが一般的である．

　したがって，図に示した Fe^{3+} 水溶液の反応は特別な場合を除いて，

$$Fe^{3+} + 6NH_3 \leftrightarrows [Fe(NH_3)_6]^{3+}$$

と書いても差し支えない．

錯形成反応（水分子との配位子置換反応）

$[Fe(H_2O)_6]^{3+}$ + NH_3 ⇌ $[Fe(H_2O)_5(NH_3)]^{3+}$ + H_2O

Fe^{3+} の6水和錯体

↓ 4段階の置換反応

$[Fe(H_2O)(NH_3)_5]^{3+}$ + NH_3 ⇌ $[Fe(NH_3)_6]^{3+}$ + H_2O

全体として

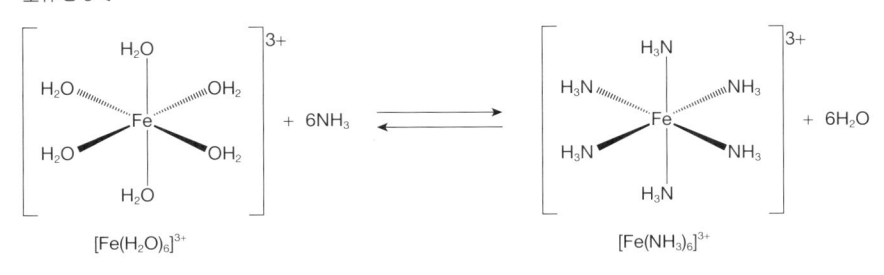

$[Fe(H_2O)_6]^{3+}$ + $6NH_3$ ⇌ $[Fe(NH_3)_6]^{3+}$ + $6H_2O$

図 5-5

第4節 生成定数

錯形成反応も平衡反応であるので，これまで見てきたような平衡定数が存在する．このような錯体の生成しやすさの指標を生成定数（安定度定数ともいう）という．

1 逐次生成定数

前節で見たように，金属イオン M（電荷を省略）と複数の配位子 L よりなる錯体 ML_n の錯形成反応においては，図 5-6 のような段階的な反応（逐次反応）を経て最終生成物を生じる．このような各錯形成反応における平衡定数 $K_1, K_2, \cdots, K_n$ を逐次生成定数といい，次のように定義される．

$K_1 = [ML]/([M][L])$

$K_2 = [ML_2]/([ML][L]) = [ML_2]/(K_1[M][L]^2)$

$\vdots$

$K_n = [ML_n]/([ML_{n-1}][L]) = [ML_n]/(K_{n-1}[M][L]^n)$

2 全生成定数

それぞれの段階の錯形成反応について，配位子が 1 個配位した第 1 段階の錯形成反応から l 個（ただし，$l \leq n$）配位した l 段階の錯形成反応まで，錯形成反応の生成定数は l 段階までの**全生成定数** β_l と書かれ，逐次生成定数との間で

$\beta_1 = [ML]/([M][L]) = K_1$

$\beta_2 = [ML_2]/([M][L]^2) = [ML]/([M][L]) \cdot [ML_2]/([ML][L]) = K_1 \times K_2$

$\vdots$

$\beta_l = [ML_l]/([M][L]^l) = K_1 \times K_2 \times \cdots \times K_{l-1} \times K_l$

のような関係が成り立つ．そして，最終的にたどり着く錯体 ML_n の生成定数は全生成定数 β_n であり，この全生成定数を逐次生成定数で表すと，

$\beta_n = [ML_n]/[M][L]^n = K_1 \times K_2 \times \cdots \times K_{l-1} \times K_l \times K_{l+1} \times \cdots \times K_{n-1} \times K_n$

と書ける．

生成定数の値が大きいほうが安定な錯体を生成しやすい．

逐次生成定数

$$M(H_2O)_n + L \xrightleftharpoons{K_1} M(H_2O)_{n-1}L + H_2O \qquad M + L \xrightleftharpoons{K_1} ML$$

$$M(H_2O)_{n-1}L + L \xrightleftharpoons{K_2} M(H_2O)_{n-2}L_2 + H_2O \qquad ML + L \xrightleftharpoons{K_2} ML_2$$

$$\vdots \qquad\qquad \xRightarrow{単純化} \qquad\qquad \vdots$$

$$M(H_2O)_2L_{n-2} + L \xrightleftharpoons{K_{n-1}} M(H_2O)L_{n-1} + H_2O \qquad ML_{n-2} + L \xrightleftharpoons{K_{n-1}} ML_{n-1}$$

$$M(H_2O)L_{n-1} + L \xrightleftharpoons{K_n} ML_n + H_2O \qquad ML_{n-1} + L \xrightleftharpoons{K_n} ML_n$$

図 5-6

> 水溶液中では金属イオンは水和している．錯形成とは水分子と配位子の置き換わり（配位子置換反応）ジャ．

全生成定数

$$M(H_2O)_n + L \xrightleftharpoons{\beta_1} M(H_2O)_{n-1}L + H_2O \qquad M + L \xrightleftharpoons{\beta_1} ML$$

$$M(H_2O)_n + 2L \xrightleftharpoons{\beta_2} M(H_2O)_{n-2}L_2 + 2H_2O \qquad M + 2L \xrightleftharpoons{\beta_2} ML_2$$

$$\vdots \qquad\qquad \xRightarrow{単純化} \qquad\qquad \vdots$$

$$M(H_2O)_n + (n-1)L \xrightleftharpoons{\beta_{n-1}} M(H_2O)L_{n-1} + (n-1)H_2O \qquad M + (n-1)L \xrightleftharpoons{\beta_{n-1}} ML_{n-1}$$

$$M(H_2O)_n + nL \xrightleftharpoons{\beta_n} ML_n + nH_2O \qquad M + nL \xrightleftharpoons{\beta_n} ML_n$$

図 5-7

第5節 錯形成平衡

溶液中の錯体や，錯形成に関係する金属イオンや配位子などの濃度は，前節で見た錯体の生成定数を使って求めることができる．

1 錯体生成の化学量論

錯形成に関与する金属イオン M と配位子 L の間で生成する錯体を ML, ML_2, ML_3, ……, ML_{n-1}, ML_n, これらの溶液内での濃度を $[ML]$, $[ML_2]$, $[ML_3]$, ……, $[ML_{n-1}]$, $[ML_n]$ とする．さらに，溶液内には錯体以外に，錯体を生成していない金属イオン M や配位子 L も存在する．溶液に加えた金属イオン M と配位子 L の全濃度をそれぞれ C_M, C_L とすると，溶液中では次のような化学量論関係がある．

$$C_M = [M] + [ML] + [ML_2] + \cdots\cdots + [ML_{n-1}] + [ML_n] \tag{1}$$

$$C_L = [L] + [ML] + 2[ML_2] + \cdots\cdots + (n-1)[ML_{n-1}] + n[ML_n] \tag{2}$$

配位子の全濃度を示している (2) 式の $[ML_2]$, $[ML_{n-1}]$, $[ML_n]$ などの係数 2, $n-1$, n は，金属イオン M の 1 つに対して複数の配位子 L が配位していることを表している．すなわち，1 mol の ML_2 に対して 2 mol の配位子 L が存在するために $2[ML_2]$ となるのである．

2 化学種の存在率

上の (1) 式に各錯体の逐次生成定数を代入して，変形すると

$$C_M = [M](1 + K_1[L] + K_1K_2[L]^2 + \cdots\cdots + K_1K_2\cdots K_{n-1}K_n[L]^n) \tag{1'}$$

となり，遊離の金属イオン濃度 $[M]$ と錯体の濃度は次のように書ける．

$$[M] = C_M/(1 + K_1[L] + K_1K_2[L]^2 + \cdots\cdots + K_1K_2\cdots K_{n-1}K_n[L]^n) \tag{3}$$

$$[ML] = K_1[L]C_M/(1 + K_1[L] + K_1K_2[L]^2 + \cdots\cdots + K_1K_2\cdots K_{n-1}K_n[L]^n) \tag{4}$$

$$[ML_2] = K_1K_2[L]^2 C_M/(1 + K_1[L] + K_1K_2[L]^2 + \cdots\cdots + K_1K_2\cdots K_{n-1}K_n[L]^n) \tag{5}$$

$$\vdots$$

$$[ML_n] = K_1K_2\cdots K_{n-1}K_n[L]^n C_M/(1 + K_1[L] + K_1K_2[L]^2 + \cdots\cdots + K_1K_2\cdots K_{n-1}K_n[L]^n) \tag{6}$$

これらの式の両辺を全金属イオン濃度 C_M で割ることで，式3〜式5のように溶液中におけるそれぞれの化学種の**存在率** α は配位子濃度 $[L]$ に対する関数として表すことができる．

銀イオンとアンモニアの錯形成平衡

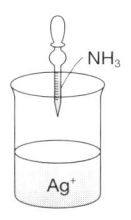

$$Ag^+ + NH_3 \xrightleftharpoons{K_1} Ag(NH_3)^+ \quad \text{[反応式1]}$$

$$Ag(NH_3)^+ + NH_3 \xrightleftharpoons{K_2} Ag(NH_3)_2^+ \quad \text{[反応式2]}$$

$$[Ag(NH_3)^+] = K_1[Ag^+][NH_3] \quad \text{(式1)}$$

$$\begin{aligned}[Ag(NH_3)_2^+] &= K_2[Ag(NH_3)^+][NH_3] \\ &= K_1 K_2 [Ag^+][NH_3]^2 \end{aligned} \quad \text{(式2)}$$

Ag^+ の存在率　　$\alpha_{Ag^+} = \dfrac{[Ag^+]}{C_{Ag^+}} = \dfrac{1}{1 + K_1[NH_3] + K_1 K_2 [NH_3]^2}$　　(式3)

$Ag(NH_3)^+$ の存在率　$\alpha_{Ag(NH_3)^+} = \dfrac{[Ag(NH_3)^+]}{C_{Ag^+}} = \dfrac{K_1[NH_3]}{1 + K_1[NH_3] + K_1 K_2 [NH_3]^2}$　　(式4)

$Ag(NH_3)_2^+$ の存在率　$\alpha_{Ag(NH_3)_2^+} = \dfrac{[Ag(NH_3)_2^+]}{C_{Ag^+}} = \dfrac{K_1 K_2 [NH_3]^2}{1 + K_1[NH_3] + K_1 K_2 [NH_3]^2}$　　(式5)

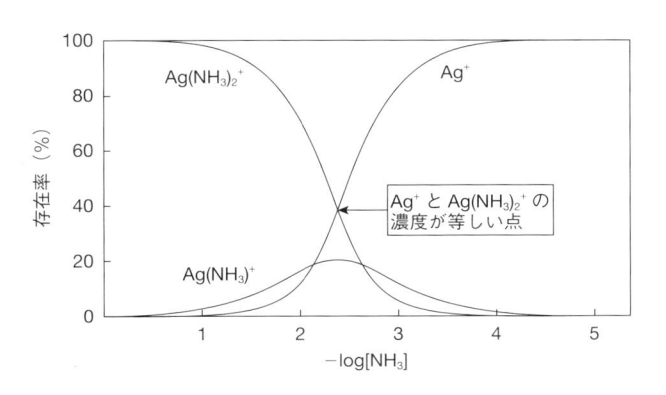

図 5-8

第6節 キレート効果

1 金属キレート

配位子の中にもアンモニア NH_3，水 H_2O，チオシアン酸イオン SCN^- などのように金属イオンと配位できる部位（配位座という）を1つ持つものを**単座配位子**，エチレンジアミン $H_2NCH_2CH_2NH_2$ やジエチレントリアミン $H_2NCH_2CH_2NHCH_2CH_2NH_2$ のような複数の配位座を持つものを**多座配位子**という．多座配位子には二座のエチレンジアミンから六座のエチレンジアミン四酢酸（EDTA）まで多く用いられるが，それ以上の配位座を備えたものもある．多座配位子と金属イオンが配位結合により錯形成した錯体を**金属キレート**という．キレートは蟹のはさみが語源であり，金属イオンを挟み込むような形をとることからこの名が付いた．

2 キレート効果

NH_3 が過剰に含まれる水溶液中で Co^{2+} と単座配位子である NH_3 が錯形成すると錯体 $[Co(NH_3)_6]^{2+}$ が生じる．この場合の生成定数の対数値を表に示した．これらの値より，1つ目の NH_3 の付加が最も起こりやすく（$\log K_1 = \log \beta_1 = 2.05$），2つ目の NH_3 は1つ目の NH_3 より付加しにくくなっていることがわかる（$\log K_2 = \log (\beta_2/\beta_1) = 1.57$）．それ以降も NH_3 の数の増加に伴い錯形成しにくくなる．

一方，二座配位子であるエチレンジアミン（en と略す）はエチレン鎖を介してアミノ基を2つ有する化合物であり，この化合物3分子は1つの Co^{2+} と錯体 $[Co(en)_3]^{2+}$ を生成する．この場合は，分子内に2つの配位座（アミノ基の窒素原子）を持つエチレンジアミン1分子が Co^{2+} に配位する生成定数を β_1，2分子，3分子目が配位した全生成定数を β_2，β_3 としている．アンモニア2分子とエチレンジアミン1分子が結合する場合はともに，2つの窒素原子が Co^{2+} に配位するが，生成定数はアンモニアの $\log \beta_2 = 3.62$ とエチレンジアミンの $\log \beta_1 = 5.89$ との間で大きく異なっている．一般に，同一分子内に配位座を複数持つ配位子のほうが生成定数の値が大きく，安定な錯体を生成する．これは**キレート効果**と呼ばれる．Cu^{2+} などのほかの遷移金属でもこの傾向は顕著である．

キレート

単座配位子の錯体

二座配位子の
キレート錯体

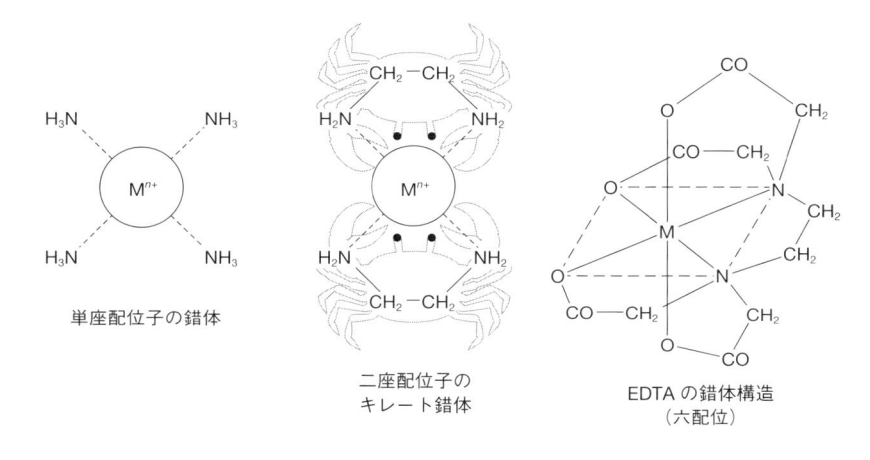

EDTA の錯体構造
（六配位）

図 5-9

錯体生成定数とキレート効果

金属イオン	配位子	$\log \beta_1$	$\log \beta_2$	$\log \beta_3$	$\log \beta_4$	$\log \beta_5$	$\log \beta_6$
Cu^{2+}	アンモニア [a]	4.13	7.61	10.48	12.59		
	エチレンジアミン [b]	10.55	19.60				
	EDTA [c]	18.83					
Co^{2+}	アンモニア [a]	2.05	3.62	4.61	5.31	5.43	4.75
	エチレンジアミン [b]	5.89	10.72	13.82			
	EDTA [c]	16.49					

[a] ［A. リングボム著，田中信行，杉晴子訳，錯形成反応—分析化学における応用，p.275，付録表 A-2b，産業図書（1965）］

[b] ［A. リングボム著，田中信行，杉晴子訳，錯形成反応—分析化学における応用，p.277，付録表 A-2c，産業図書（1965）］

[c] ［日本分析化学会編，分析化学データブック改訂 5 版，p.31，丸善（2004）］

表 5-1

第7節 副反応

金属イオンや配位子などに付加する性質を持つ化学種がこれらに付加して，目的の錯体以外の錯体や付加体を生じる反応が副反応である．

1 配位子の副反応

配位子は非共有電子対を持つために，溶液中でプロトン付加することがある．アンモニアが良い例である．金属イオンと錯形成せずに残っている配位子の全濃度 [L'] は，プロトンのみが付加した配位子 HL^+ の濃度 $[HL^+]$，溶液中でプロトン付加も錯形成もせずに残っている配位子（遊離の配位子）L の濃度 [L] を用いて式 3 のようになる．酸解離定数 K_a の定義式 1 に基づき変形した式 2 を用いると，式 3 は式 4 となる．$\alpha_{L(H)}$ は**配位子のプロトン付加を考慮した副反応係数**と呼ばれる．

2 金属イオンの副反応

水溶液中では金属イオンは水和しており，さらに，多くの金属イオン M^{m+} が水酸化物イオンと安定な**ヒドロキソ錯体** $M(OH)_n^{(m-n)+}$ を生成する．このように，金属イオンも対象配位子のみと錯形成するのではなく，周囲の多くの陰イオンや非共有電子対を有する配位性の分子と錯体を生成するのである．いま 2 価の金属イオンが水溶液中に存在すると仮定して，この対象配位子と錯体を生成していない金属イオンの水溶液中の濃度を $[M^{2+}{'}]$ とすると，式 5 のように書ける．$K_{M(OH)1}$ と $K_{M(OH)2}$ をそれぞれ水酸化物イオン OH^- の逐次生成定数（$K_{M(OH)n}$ = $[M(OH)_n]/([M(OH)_{n-1}][OH^-])$）とすると，$\alpha_{M(OH)}$ は金属 M^{2+} のヒドロキソ錯体の生成を考慮した副反応係数である．

ちなみに，金属イオンの沈殿生成反応も重要な副反応である．

3 錯体の副反応

生成した金属錯体についても周囲の化学種との副反応を考えなければならない．このような副反応は EDTA（Y）と金属イオンとの錯体によく適用される．錯体のプロトン付加を考慮した錯体の濃度 [(MY)'] は副反応係数 α_{MHY} を用いて式 6 のように書ける．

配位子の副反応

$$M^{m+} + L \xrightleftharpoons[]{K_{ML}} ML^{m+} \qquad \text{[反応式1]}$$

$$H^+ + L \xrightleftharpoons[K_a]{} HL^+ \qquad \text{[反応式2]}$$

$$K_a = \frac{[H^+][L]}{[HL^+]} \qquad (式1)$$

よって

$$[HL^+] = [L]\frac{[H^+]}{K_a} \qquad (式2)$$

金属イオンと錯形成せずに残っている配位子の全濃度 $[L']$ は

$$[L'] = [L] + [HL^+] \qquad (式3)$$

式2を用いて

$$[L'] = [L]\left(1 + \frac{[H^+]}{K_a}\right)$$

$$= [L]\,\alpha_{L(H)} \quad \left(\alpha_{L(H)} = 1 + \frac{[H^+]}{K_a}\right) \qquad (式4)$$

金属イオンの副反応

たとえば2価金属イオンなら

$$M^{2+} + L \xrightleftharpoons[]{K_{M'L}} ML^{2+} \qquad \text{[反応式3]}$$

$$M^{2+} + OH^- \xrightleftharpoons[]{K_{M(OH)1}} M(OH)^+ \qquad \text{[反応式4]}$$

$$M(OH)^+ + OH^- \xrightleftharpoons[]{K_{M(OH)2}} M(OH)_2 \qquad \text{[反応式5]}$$

対象配位子と錯体を形成していない金属イオンの濃度 $[M^{2+\prime}]$ は

$$[M^{2+\prime}] = [M^{2+}]\,\alpha_{M(OH)} \quad \left(\alpha_{M(OH)} = 1 + \frac{[OH^-]}{K_{M(OH)1}} + \frac{[OH^-]^2}{K_{M(OH)1}K_{M(OH)2}}\right) \qquad (式5)$$

錯体の副反応

EDTA^{4-}(Y^{4-}) と2価の金属イオン M^{2+} との錯体 MY^{2-} に H^+ が付加すると，

$$MY^{2-} + H^+ \xrightleftharpoons[]{K_{MHY}} MHY^- \qquad \text{[反応式6]}$$

金属錯体すべての濃度 $[(MY)']$ は

$$[(MY)'] = [MY^{2-}]\,\alpha_{MHY} \quad (\alpha_{MHY} = 1 + K_{MHY}[H^+]) \qquad (式6)$$

第8節 副反応と生成定数

錯形成時の副反応にはさまざまな種類がある．ここでは副反応が錯体の生成しやすさにどのように関わっているのか見てみよう．

1 配位子の錯形成と pH の関係

金属イオンと安定な錯体を生成する配位子 L が酸性溶液中でプロトン付加して LH^+ となると，金属イオンとは錯体を生成しなくなる（反応式2）．このような配位子のプロトン付加を考慮した条件生成定数 $K_{ML'}$ は**副反応係数** $\alpha_{L(H)}$ を用いて式1のように書ける．

この式より，水溶液中における配位子のプロトン付加に基づく**条件生成定数** $K_{ML'}$ はプロトン濃度に依存している，つまり pH が低くなり（水素イオン濃度が高くなり），$\alpha_{L(H)}$ が大きくなるに伴い，$K_{ML'}$ は減少することがわかる．

2 金属イオンの錯形成と共存化学種の関係

水溶液中では金属イオンも，前節で見たような副反応を生じるために，配位子のプロトン付加と同様な取り扱いができる．すなわち，水酸化物イオン OH^- との錯形成を考慮すると生成定数は式2のように書ける．

したがって，この場合も水酸化物イオンを含めたさまざまな配位性化学種の濃度の増加に伴い条件生成定数 $K_{M'L}$ は減少する．

3 金属イオンの錯形成と副反応の関係

配位子や金属イオンと同様に錯体でも副反応があることは前節で見た．ここでは最も一般的な，配位子（L），金属イオン（M^{m+}），金属錯体（ML^{m+}）のすべてに副反応が起こる場合について考える．金属イオンと錯形成していない配位子を L′，配位子と錯形成していない金属イオンを M′，金属イオンと配位子の錯体を (ML)′ とすると反応式6のように書け，条件生成定数 $K_{M'L'(ML)'}$ は生成定数 K_{ML} と式3のような関係が成り立つ．

錯体 ML も副反応を生じる場合には，配位子や金属イオンも含めて，すべての副反応定数の大きさにより錯体の生成しやすさが決まる．

配位子の錯形成と pH の関係

$$L + M^{2+} \xrightleftharpoons{K_{ML'}} ML^{2+} \quad [反応式1]$$

$$L + H^+ \xrightleftharpoons[K_a]{} HL^+ \quad [反応式2]$$

$$K_{ML'} = \frac{[ML]}{[M][L']} = \frac{[ML]}{[M][L]\,\alpha_{L(H)}}$$

$$= \frac{K}{\alpha_{L(H)}} \quad (式1)$$

金属イオンの錯形成と共存化学種の関係

$$M^{2+} + L \xrightleftharpoons{K_{M'L}} ML^{2+} \quad [反応式3]$$

$$M^{2+} + OH^- \xrightleftharpoons{K_{M(OH)1}} M(OH)^+ \quad [反応式4]$$

$$M(OH)^+ + OH^- \xrightleftharpoons{K_{M(OH)2}} M(OH)_2 \quad [反応式5]$$

$$K_{M'L} = \frac{[ML]}{[M'][L]} = \frac{[ML]}{[M][L]\,\alpha_{M(OH)}}$$

$$= \frac{K}{\alpha_{M(OH)}} \quad (式2)$$

金属イオンの錯形成と副反応の関係

$$M' + L' \xrightleftharpoons{K_{M'L'(ML)'}} (ML)' \quad [反応式6]$$

$$K_{M'L'(ML)'} = \frac{[(ML)']}{[M'][L']} = \frac{[ML]\,\alpha_{M'L'(ML)'}}{[M][L]\,\alpha_{M(OH)}\alpha_{L(H)}} = K_{ML}\frac{\alpha_{M'L'(ML)'}}{\alpha_{M(OH)}\alpha_{L(H)}} \quad (式3)$$

配位子 L と金属イオン M^{n+} はともに副反応を生じるので，錯体 ML^{n+} を生成する L と M^{n+} はともに初期濃度より減少する．さらに錯体 ML が副反応を生じる場合もあり，錯体の生成しやすさはそれぞれの副反応定数の大きさで決まる．

6章 酸化・還元

酸化・還元は酸・塩基と並んで，化学で最もたいせつな考えの一つである．狭義には，酸化・還元は酸素を授受する反応をいう．しかしそれだけではなく，もっと幅広く応用できる考えであり，広義には，酸化・還元は電子を授受する反応のことをいう．

このように考えると，金属が溶解して金属陽イオンになることは，金属と溶液の間の電子授受であり，酸化・還元反応の一種であることになる．また，2種類の金属の間の電子授受反応で成り立つ電池も酸化・還元反応で理解することができる．

本章では，酸化・還元反応とはどのようなものかを見ていくことにしよう．

第1節 酸化・還元

酸化・還元反応は，電子あるいは酸素，水素の授受と考えられる．

1 電子の授受

酸化・還元反応を次のように定義する．
「酸化されるとは電子を失うこと，還元されるとは電子をもらうこと．」
図6-1のAはBから電子をもらっている．したがって，Aは還元されており反対にBは酸化されている．このように，酸化反応と還元反応は一対になって起こる反応である．

相手を酸化するものを酸化剤，相手を還元するものを還元剤という．AはBを酸化するのだから酸化剤であり，Bは相手を還元するのだから還元剤となっている．

2 酸素，水素の授受

酸化・還元は酸素，水素の授受によって考えることもできる．電子の授受との関係を図に示した．すなわち，酸素を受け取れば酸化されたことになり，酸素を放出すれば還元されたことになる．水素に関しては，反対に**水素を受け取れば還元され，放出すれば酸化されたことになる．**

酸化・還元

（ハム君 酸素をあげよう）
（センセイ アリガトウ）

酸化剤
還元される

還元剤
酸化される

酸化・還元とは

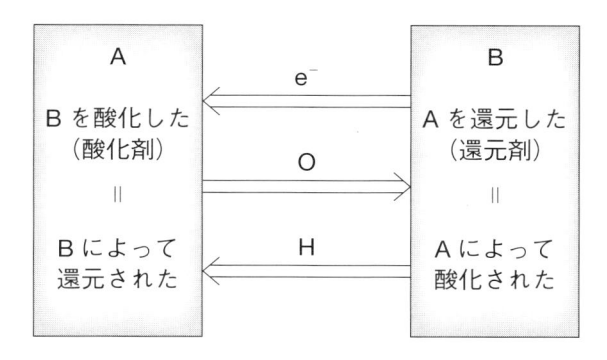

A		B
Bを酸化した（酸化剤）	← e^-	Aを還元した（還元剤）
＝	→ O	＝
Bによって還元された	← H	Aによって酸化された

図 6-1

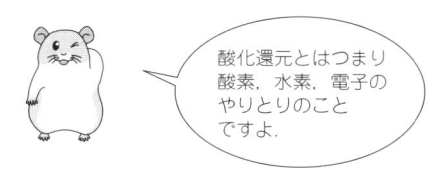

酸化還元とはつまり酸素，水素，電子のやりとりのことですよ．

第2節 酸化数

 ある物質が反応したとき，いったい酸化されたのか，還元されたのかわかりにくいことがある．そのようなときに酸化数を用いると便利である．ある物質の酸化数が増加すればその物質は酸化されたことになり，減少すれば還元されたことになる．
 以下に酸化数の計算法を示す．

1 **単体の酸化数は 0 である．**
 金属単体の酸化数は 0 である．ダイヤモンド，グラファイトを構成する炭素の酸化数も 0 である．

2 **イオンの酸化数はその価数をもって当てる．**
 Na^+ の酸化数はその電荷の 1（+1）である．Cl^- の酸化数は −1 である．

3 **共有結合している原子では，電気陰性度の大きいほうの原子が結合電子対を取るものとして，2 の基準で考える．**
 水素化カルシウム CaH_2 では，Ca より H の電気陰性度のほうが大きいので，結合電子対の 2 個の電子を H が取る．その結果，H は中性状態より電子が 1 個増えるので −1 価となり，酸化数は −1 となる．反対に Ca は，中性状態より電子が 2 個減るので酸化数は 2 となる．

4 **水素，酸素の酸化数は，原則的にそれぞれ 1，−2 とする．**
 例外もある．たとえば，上で見た CaH_2 や水素化ナトリウム NaH の H の酸化数は −1 であり，過酸化水素 H_2O_2 の酸素の酸化数は −1 である．

5 **中性分子では，構成する原子の酸化数の総和は 0 である．**
 硫酸 H_2SO_4 では，水素，酸素の酸化数がそれぞれ 1，−2 なので，H_2 部分，O_4 部分の酸化数はそれぞれ 2，−8 となり，その和は −6 である．したがって，分子全体で 0 になるためには，S の酸化数は 6 でなければならないことになる．若干の例を図に示した．

酸化数

規則1：単体は0

H_2：H(0)　　　O_2：O(0)

Mg金属：Mg(0)　　ダイヤモンド：C(0)

規則2：イオンは価数

Na^+：Na(+1)　　　Cl^-：Cl(−1)

$CuSO_4$：Cu(+2)　　$CuCl$：Cu(+1)

規則3：電気陰性度の大きいほうが電子対を取る

CaH_2 ⟶ Ca(+2), H(−1)

電気陰性度　Ca = 1.0, H = 2.2

ClF ⟶ Cl(+1), F(−1)

電気陰性度　Cl = 3.0, F = 4.0

規則4：H(+1) と O(−2) が基準

例外

NaH：H(−1)　H_2O_2：O(−1)

規則5：中性分子では酸化数の総和は0

HNO_3：H(+1), O(−2)　⟶　$1 + X + (-2) \times 3 = 0$　$X = 5$：N(+5)
　　X

H_2SO_4：H(+1), O(−2)　⟶　$2 + X + (-2) \times 4 = 0$　$X = 6$：S(+6)
　　　X

$KMnO_4$：K(+1), O(−2)　⟶　$1 + X + (-2) \times 4 = 0$　$X = 7$：Mn(+7)
　　　X

$Cr_2O_7^{2-}$：O(−2)　⟶　$2X + (-2) \times 7 = -2$　$X = 6$：Cr(+6)
　X

$NaHCO_3$：Na(+1), H(+1), O(−2)　⟶　$1 + 1 + X + (-2) \times 3 = 0$　$X = 4$：C(+4)
　　　X

第3節 イオン化傾向

　一般に金属を酸に入れると金属イオンとなって溶出する．しかし，金のようになかなか溶けないものもある．種々の金属の間で，イオンになるときのなりやすさの順序を表したものをイオン化傾向という．イオン化傾向の大きい金属ほどイオンになりやすい．

1 金属のイオン化

　硫酸銅 $CuSO_4$ の水溶液に亜鉛棒 Zn を入れると亜鉛棒は溶け出し，同時に亜鉛棒の表面には金属銅 Cu が析出して赤くなる．これは，亜鉛 Zn が亜鉛イオン Zn^{2+} として溶液中に溶け出したことによる．このとき Zn^{2+} は亜鉛棒上に 2 個の電子を置いていくが，この電子が銅イオン Cu^{2+} に移動し，そのため Cu^{2+} が還元されて金属銅 Cu になる．

2 イオン化傾向

　上の事実は，Zn と Cu を比較すると Zn のほうが Cu よりもイオン化しやすいことを示すものである．このとき，Zn は Cu よりイオン化する傾向，すなわちイオン化傾向が大きいという．

　それに対して，$CuSO_4$ 溶液に白金棒 Pt を入れても変化は起こらない．このことは Pt は Cu よりイオン化しにくい，すなわち，イオン化傾向が小さいことを示す．

　このようにして，**イオン化傾向の大小関係を調べた結果が図 6-3 に示したもの**である．水素 H は金属ではないが基準として載せてある．

3 金属のイオン化・金属イオンの金属化

　金属のイオン化，および金属イオンの金属化は酸化，還元反応の一種である．すなわち，金属 M が金属イオン M^{n+} になるときには M は n 個の電子を失っている．これは M が酸化されたことを意味する．

　それに対して M^{n+} が n 個の電子を受け取って M になるときは M^{n+} が還元されていることになるのである．

金属のイオン化

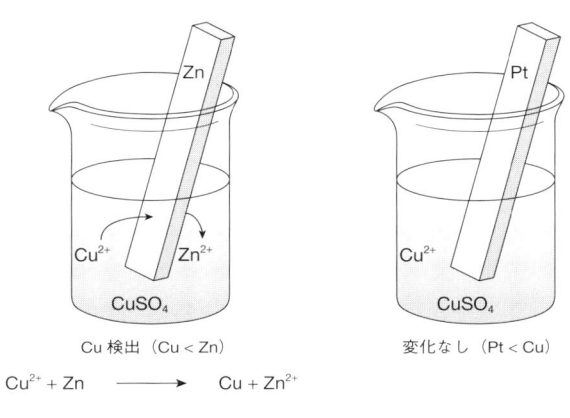

Cu 検出（Cu < Zn）　　　　　変化なし（Pt < Cu）

$Cu^{2+} + Zn \longrightarrow Cu + Zn^{2+}$

図 6-2

イオン化傾向

K > Ca > Na > Mg > Al > Zn > Fe > Ni > Sn > Pb > H > Cu > Hg > Ag > Pt > Au

大　　　　　　　　　　　イオン化傾向　　　　　　　　　　　小

基準

イオンになりやすい　　　　　　　　　　　イオンになりにくい

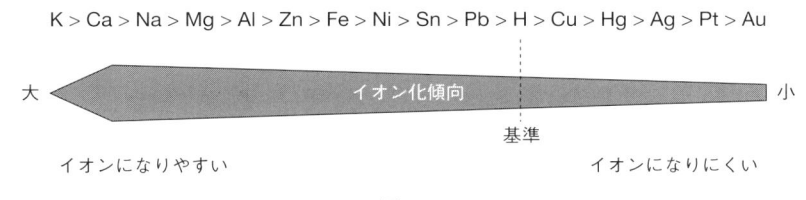

図 6-3

金属のイオン化・金属イオンの金属化

金属 M　$-ne^-$　M が酸化された　→　イオン M^{n+}

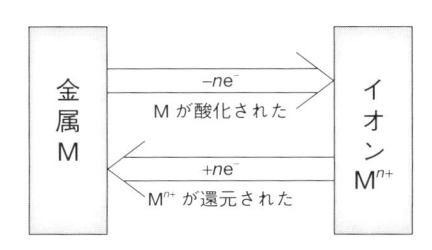

$+ne^-$　M^{n+} が還元された

図 6-4

第 3 節 ◆ イオン化傾向

第4節 イオン化とエネルギー

多くの化学現象にはエネルギーが関係する．イオン化に伴うエネルギー変化を見てみよう．

1 イオン化の過程

金属がイオンとして溶け出すときの機構を見てみよう．
① まず，金属原子が結晶から飛び出してバラバラの原子 M となり，
② これがイオン化して M^{n+} となり，
③ 最後に溶媒和して溶液イオンとなる．
金属のイオン化は，このような三段階の反応と考えることができる．

2 イオン化のエネルギー

図 6-6 は上のイオン化機構をエネルギーの面からまとめたものである．金属原子が結晶から離れる反応は高エネルギー状態になる反応であり，エネルギーを必要とする吸熱反応である．原子がイオン化する過程も同様に吸熱反応である．それに対してイオンが溶媒和する過程は安定化の過程であり，発熱反応である．

以上の関係から，**金属がイオンとなって溶け出すために必要とされるエネルギーは黒い矢印として表した部分である．このエネルギーが小さいものがイオン化傾向の小さい金属である**ということになる．

---

column　イオン化傾向の覚え方

歴史の年号と同様，化学でもいろいろな記号やその順序を覚えるための呪文があるようだ．次のものはイオン化傾向を覚えるための呪文である．

貸そうかな, まあ, あてにするな, ひどすぎる借金

か	そう	か	な	ま	あ	て	に	する	な	ひ	ど	す	ぎ	しゃっ	きん
K	Ca	Na	Mg	Al	Zn	Fe	Ni	Sn	Pb	H	Cu	Hg	Ag	Pt	Au
カリウム	カルシウム	ナトリウム	マグネシウム	アルミニウム	亜鉛	鉄	ニッケル	スズ	鉛	水素	銅	水銀	銀	白金	金

イオン化の過程

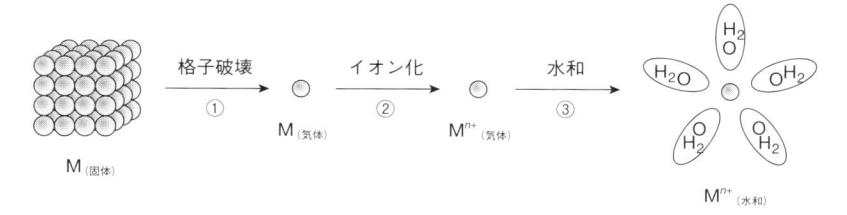

図 6-5

イオン化のエネルギー

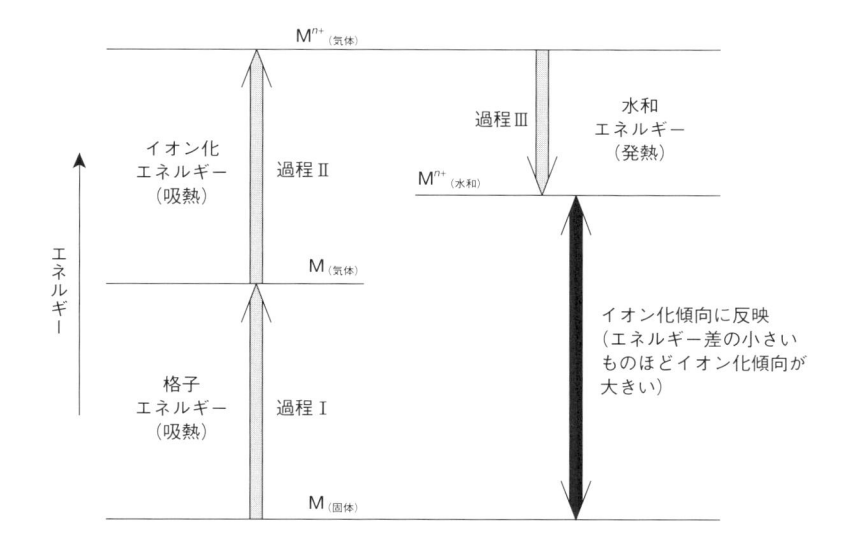

図 6-6

一般に
イオン化 = 吸熱
水和 = 発熱
デース

第5節 電池

酸化還元反応に伴って生じた電子が，溶液の外部を通って移動するようにした装置が電池である．

1 ボルタ電池

図 6-7 左は，希硫酸に亜鉛棒と銅棒を入れた図である．亜鉛が亜鉛イオン Zn^{2+} として溶液中に溶け出す．このとき亜鉛は，1 原子につき 2 個の電子を亜鉛棒上に置いていく．したがって，亜鉛棒上には電子が溜まっていく．

このとき，亜鉛棒と銅棒を銅線でつないだらどうなるであろうか．**亜鉛棒上の電子は銅線を通って銅棒上に流れる．これは電流が流れたことを意味する．電流の方向は，電子の流れとは逆向きに定義されているので，図 6-7 右では，銅から亜鉛に向かって電流が流れることになる．これが最も単純な電池の構造であり，ボルタ電池という．**

電子を放出する電極を負極，電子を受け取る電極を正極という．図では，亜鉛が負極，銅が正極となる．各々の極で起こる反応は反応式 1，2 に示すとおりである．それらをまとめると式 1 のようになる．

2 電子を受け取るもの

上で見た，銅線によって銅棒上に移動した電子はどうなるか考えてみよう．図 6-8 の電池を構成する溶液の中には，硫酸イオン SO_4^{2-} と亜鉛イオン Zn^{2+} が存在する．Zn^{2+} が電子を受け取って金属亜鉛として析出するだろうか？

溶液中には，水素イオン H^+ も存在することを忘れてはならない．しかも，亜鉛と水素を比較すると，亜鉛のほうがイオン化傾向が大きい．すなわち，水素のほうがイオンになりにくい．このため，**電子を受け取るのは Zn^{2+} ではなく H^+ であり，その結果，水素 H_2 が発生する．**

3 分極

この水素は銅よりイオン化傾向が大きい．そのため反応式 3 のように電離することで，銅棒上に電子を与える．すなわち，本来の電池の電流と逆の電流が流れることになる．これを分極という．分極は電池の性能を落とすものである．

ボルタ電池

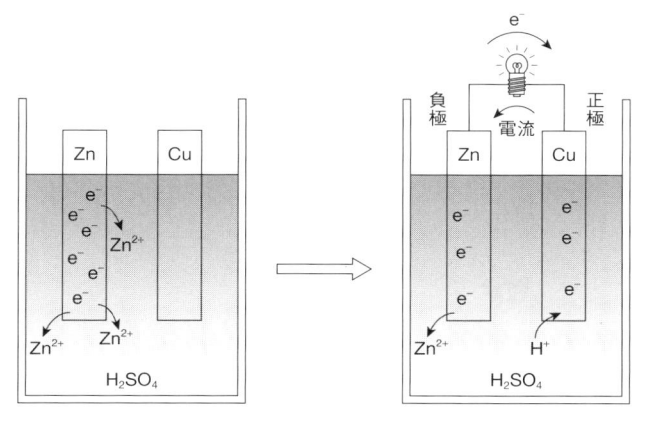

これを
ボルタ電池と
いいます．

負極　　$Zn \longrightarrow Zn^{2+} + 2e^-$　　　　　［反応式 1］

正極　　$2H^+ + 2e^- \longrightarrow H_2$　　　　　　［反応式 2］

　　　　$(-)Zn \mid H_2SO_4 \mid Cu(+)$　　1.1 V　　　　　（式 1）

図 6-7

分極

分極　　$H_2 \longrightarrow 2H^+ + 2e^-$　　　　　［反応式 3］

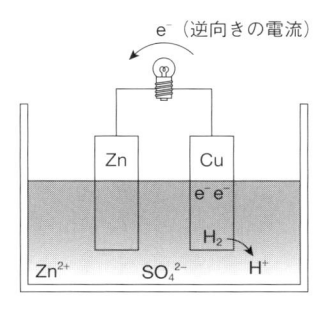

分極のため
ボルタ電池は
すぐに発電
しなくなります．

図 6-8

第 5 節◆電池

第6節 起電力

電池が示す電圧をその電池の起電力という．イオンが還元される際に示す電圧を，標準水素電極を基準にして測定したものを，標準電極電位という．

1 起電力

前節の電池（ボルタ電池）は，分極を起こすという欠点があった．図6-9は，分極が起こらないように改良した電池（ダニエル電池）である．亜鉛棒を硫酸亜鉛水溶液に浸した容器と，銅棒を硫酸銅水溶液に浸した容器を別々に用意し，亜鉛棒と銅棒を銅線で結んである．そして，両容器の間を塩橋で結んだものである．塩橋とは硝酸カリウム KNO_3 のような電解質を溶かした寒天などをガラス管につめたものであり，溶液の移動はできないがイオンの移動はできるようにしたものである．

各々の容器で起こる反応系は，全体の電池の半分に相当するので，各々を半電池という．この電池で起電力を測定すると 1.10 V である．この数値は，亜鉛と銅の両電極のイオン化傾向の差を反映したものである．

2 標準電極電位

上で見た，電池全体の起電力 1.10 V は，銅と亜鉛の各々の半電池の起電力の差である．したがって，各半電池の起電力を求めておくと便利である．そのためには，共通の基準からの起電力を求める必要がある．

基準の物質としてはイオン化傾向で基準物質とした水素が用いられる．図6-10に示したように，標準状態（25 ℃，1 気圧）の水素を用いた電極を作り，これを**標準水素電極**と呼ぶ．そして，標準水素電極の電位を 0 と定め，これとの差を標準電極電位と定義する．標準電極電位は電子の受け取りやすさ（還元されやすさ）を表すように定義されるので，還元電位を表すことになる．すなわち，**標準電極電位の値が大きいほど還元されやすいことを表す**．

いくつかのイオンの標準電極電位を表6-1にまとめた．表によれば，Cu^{2+}，Zn^{2+} の還元電位は，それぞれ 0.34 V，−0.76 V である．その差は 1.10 V であり，ボルタ電池の実測の起電力（1.10 V）と良く一致していることがわかる．

起電力

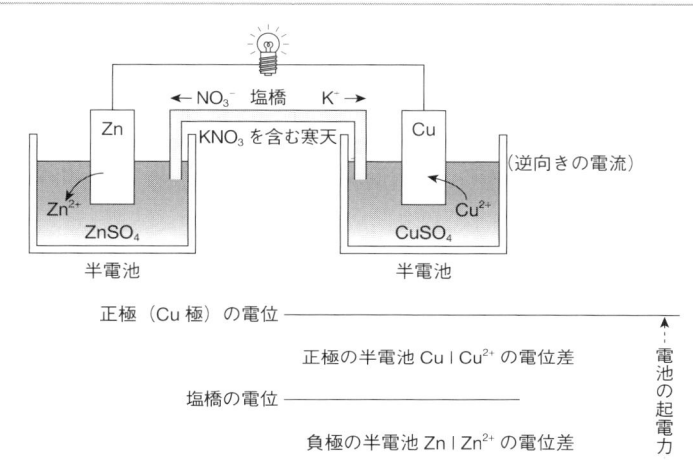

図 6-9

正極（Cu 極）の電位
　　　　　　　　　正極の半電池 $Cu｜Cu^{2+}$ の電位差
塩橋の電位
　　　　　　　　　負極の半電池 $Zn｜Zn^{2+}$ の電位差
負極（Zn 極）の電位

（電池の起電力）

標準電極電位

実際の測定法は9章の「電気化学分析」を見テネ.

標準水素電極

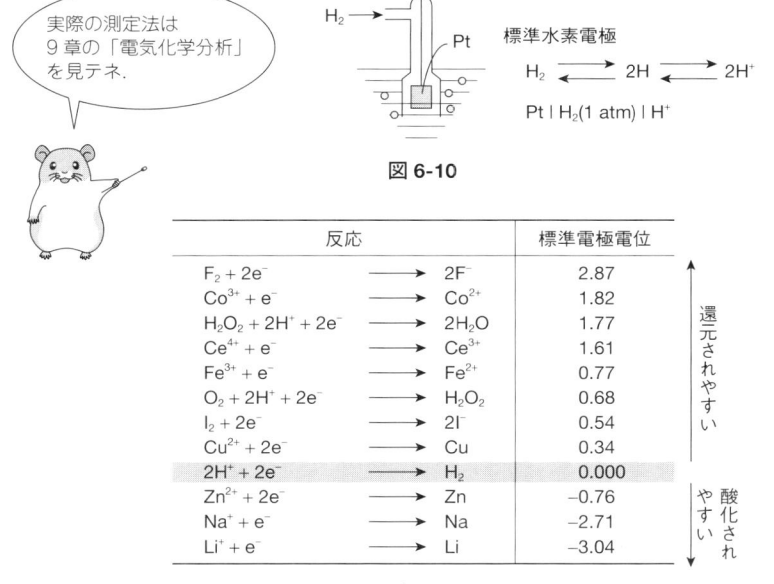

$H_2 \rightleftarrows 2H \rightleftarrows 2H^+$

$Pt｜H_2(1\ atm)｜H^+$

図 6-10

反応		標準電極電位
$F_2 + 2e^-$	$\rightarrow 2F^-$	2.87
$Co^{3+} + e^-$	$\rightarrow Co^{2+}$	1.82
$H_2O_2 + 2H^+ + 2e^-$	$\rightarrow 2H_2O$	1.77
$Ce^{4+} + e^-$	$\rightarrow Ce^{3+}$	1.61
$Fe^{3+} + e^-$	$\rightarrow Fe^{2+}$	0.77
$O_2 + 2H^+ + 2e^-$	$\rightarrow H_2O_2$	0.68
$I_2 + 2e^-$	$\rightarrow 2I^-$	0.54
$Cu^{2+} + 2e^-$	$\rightarrow Cu$	0.34
$2H^+ + 2e^-$	$\rightarrow H_2$	0.000
$Zn^{2+} + 2e^-$	$\rightarrow Zn$	−0.76
$Na^+ + e^-$	$\rightarrow Na$	−2.71
$Li^+ + e^-$	$\rightarrow Li$	−3.04

（上：還元されやすい　下：酸化されやすい）

表 6-1

第 6 節◆起電力

第7節 ネルンストの式

電池の起電力と濃度の関係を表した式を，発見者の名前をとってネルンストの式という．

1 ギブズ自由エネルギー

反応の進行しやすさはギブズ自由エネルギー ΔG（第1章第8節参照）で見積もることができる．

反応式1に示すように，荷電数 $+n$ の出発イオン A^{n+} 1 mol が還元されて A になるためには，nF クーロンの電荷が流れる必要がある．この反応の標準電極電位が $E°$ であるとすると，電池に流れる電気的な仕事は nF クーロンに電位 $E°$ をかけた $nFE°$ ということになる．

この数値は，系のギブズ自由エネルギーの減少分に等しいことになるので，式1が成立する．この式は，標準電極電位が負に大きいほどギブズ自由エネルギーは正に大きくなることを示している．すなわち，**標準電極電位の高い反応ほど，自発的に進行しやすいことを意味している**．

2 ネルンストの式

一般に，反応式2で表される反応のギブズ自由エネルギーの変化分 ΔG は，標準状態のギブズ自由エネルギーの変化分 $\Delta G°$ と，各成分の濃度を使って式2で表される．

電位に対しても同様の関係が成り立つことがわかる．すなわち，式2に式1の関係を適用すると式3の関係が成立することがわかる．この式を発見者の名前をとって**ネルンストの式**という．**ネルンストの式を用いると，溶液の濃度がわかればその起電力を求めることができ，逆に起電力から溶液の濃度を求めることができる**．

系が平衡にあるときは，見かけ上変化が起こらなくなるので起電力もなくなり，$E = 0$ となる．そのため式4の関係が成立する．この式を用いると**標準電極電位から平衡反応の平衡定数 K を求めることができる**．

標準電極電位とギブズ自由エネルギー

（標準状態のギブズ自由エネルギー変化分デース）

$$A^{n+} \xrightarrow{E°} A \qquad [反応式1]$$

$$\Delta G° = -nFE° \qquad (式1)$$

n：電子の mol 数
F：ファラデー定数（96485 C/mol：電子 1 mol の電気量）
$E°$：標準電極電位

ネルンストの式

$$aA + bB \rightleftharpoons cC + dD \qquad [反応式2]$$

$$\Delta G = \Delta G° + RT \ln \frac{[C]^c[D]^d}{[A]^a[B]^b} \qquad (式2)$$

（R：気体定数　8.314 J/Kmol）

$$E = E° - \frac{RT}{nF} \ln \frac{[C]^c[D]^d}{[A]^a[B]^b} \qquad (式3)$$

平衡のときは $E = 0$ であるので

$$E° = \frac{RT}{nF} \ln \frac{[C]^c[D]^d}{[A]^a[B]^b} = \frac{RT}{nF} \ln K$$

$$= \frac{0.5916}{n} \log K \qquad (式4)$$

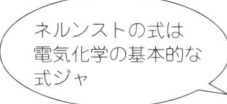

（ネルンストの式は電気化学の基本的な式ジャ）

第8節 酸化還元滴定

酸化還元反応を用いて行う滴定を酸化還元滴定という．反応の当量点の検出は，電圧計を用いて系の電圧変化を測定するか，あるいは変色指示薬を用いて行う．

1 酸化還元反応

反応式 1 に示すような，Fe^{2+} イオン溶液を Ce^{4+} 溶液で酸化する反応を考えてみよう．

この反応は 2 つの反応，反応式 2 と 3 に分けて考えることができる．すなわち，Ce^{4+} の還元反応と Fe^{2+} の酸化反応である．それぞれの標準電極電位は本章第 6 節の表 6-1 に示したとおりである．

2 滴定曲線

図 6-11 は Fe^{2+} 溶液を Ce^{4+} 溶液で滴定する様子と，その際の酸化還元電位の変化を表したものである．当量点以前では加えた Ce^{4+} はすべて消費されてその分が Fe^{3+} に変化するので，系の電位は Fe^{3+} の酸化還元反応の標準電極電位に支配されることになり，低くなる．

しかし，当量点以後は Ce^{4+} が消費されずに残るので，系の電位はその標準電極電位が支配することになり，高くなる．

3 当量点

上の考察から，系の電圧変化を測定すれば当量点で電圧の急激な変化が観察されることがわかる．

あるいは，中和滴定の指示薬と同じように，適当な変色試薬を用いて当量点を検出することも可能である．たとえば，1,10-フェナントロリンは Fe^{2+} と赤い錯体をつくる．一方，Fe^{3+} との錯体は青いが色は薄く，ほとんど無色に見える．したがって，1,10-フェナントロリン錯体の色の変化により当量点を知ることができる．また，酸化剤として過マンガン酸カリウム $KMnO_4$ を用いる場合には，過マンガン酸イオン MnO_4^- が紫色なので，当量点までは加えると直ちに色が消えるが，当量点を過ぎると色が消えなくなる．このため当量点を検出することができる．

酸化還元反応

$$Ce^{4+} + Fe^{2+} \longrightarrow Ce^{3+} + Fe^{3+} \quad [反応式1]$$

$$Ce^{4+} + e^- \longrightarrow Ce^{3+} \quad [反応式2]$$

$$Fe^{2+} \longrightarrow Fe^{3+} + e^- \quad [反応式3]$$

滴定曲線

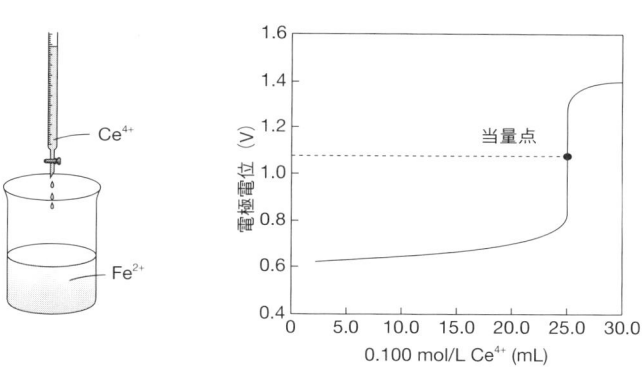

[赤岩英夫，柘植新，角田欣一，原口紘炁編，分析化学，p.58，図2.4，丸善（1991）]

図 6-11

変色試薬を用いた当量点検出

1,10-フェナントロリン　　赤色

1,10-フェナントロリン

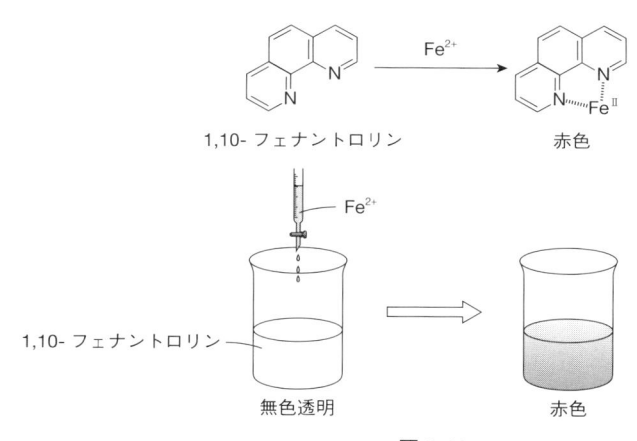

無色透明　　赤色

図 6-12

column 電池

　私たちの日常生活はエネルギーの上に築かれているが，そのエネルギーの中でも最も便利なものが電気エネルギーであろう．そして電気エネルギーがこのように便利に使えるのは電池のおかげである．電池のない現代生活はほとんど考えられない．コンセントとコードで結ばれたケータイなど，ケータイとは呼べないものであろう．

　電池の基本は，ボルタ電池に見るように，金属のイオン化に伴う酸化還元反応を利用し，そのエネルギーを電気エネルギーとして取り出すものであった．しかし，最近，金属の酸化還元反応以外の化学反応を用いる電池が開発されてきた．一つは燃料電池であり，もう一つは太陽電池である．

　燃料電池は水素などを燃料とし，それと酸素を反応させて，その際の反応エネルギーを電気エネルギーに変換するものであり，きわめて化学的な電池である．しかし，太陽電池はシリコンにわずかの量の不純物を混入することによってできるn型，p型の半導体を接合することによって作製される．ここに起こる反応は電子移動だけであり，化学といえないことはないにしろ，少々いいにくい．しかし，ここでも（有機）色素増感型太陽電池に実用化の兆しが見えてきたことにより，一挙に化学的な様相を帯びてきた．

　現代生活に欠かせない電池は，今後ますます多様化していくことであろう．

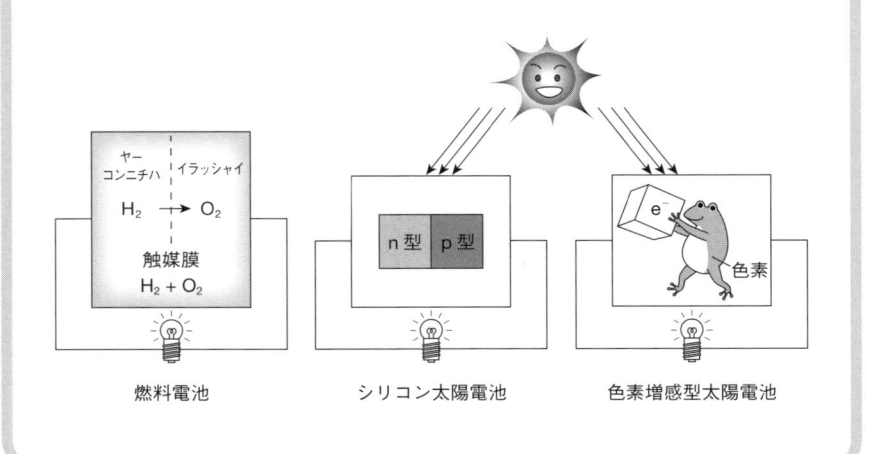

燃料電池　　シリコン太陽電池　　色素増感型太陽電池

第II部 定量分析

7章 重量分析

　定量分析には，溶液中に溶解する化学種（イオンや分子）に適当な試薬を加えて高純度の沈殿や固体（または高純度の金属）として取り出して，その質量を測定する重量分析と，溶液中の化学種と反応して色，電位，沈殿生成などの状態変化を引き起こす試薬を加え，その量を測ることにより溶解している化学種の量（濃度）を知る容量分析がある．
　本章では，重量分析について見ていこう．

第1節 重量分析の種類

　重量分析は古くから用いられている，正確かつ精度の高い分析法である．

1 沈殿重量分析法

　沈殿重量分析法では，沈殿の生成，ろ過，洗浄，乾燥，加熱の操作を経て，最後に秤量することで，溶液中に溶解している目的イオンを組成がわかっている化合物の形で定量する．加熱段階でバーナーやマッフル炉により灰化して秤量を行う場合には，沈殿形と秤量形の化学組成が異なることがある．
　また，沈殿による分離が困難な場合には，前処理としてイオン交換樹脂（第11章第5節参照）を用いたカラムクロマトグラフィーによりあらかじめ分離した後，目的イオンのみの沈殿を得るイオン交換法もある．

2 電解重量分析法

　二本の電極を電解質溶液に入れ，外部から電流を流して化学変化を起こさせることを電気分解（電解）という．電解において酸化反応が起こるほうを陽極，還元反応が起こるほうを陰極という．
　電解重量分析法とは，陽極に白金線を，陰極に白金網を用いて電解を行い，白金網上に高純度の目的金属を析出させた後，十分乾燥させた白金網を秤量して，質量の増加分を測定する方法である．電解重量分析法は還元されやすい（イオン化傾向の小さい）銅の定電位電解に適している．銅以外では，銀やニッケルの定量にも用いられる．

沈殿重量分析法

沈殿の生成 → ろ過 → 洗浄 → 乾燥 → 加熱（灰化）

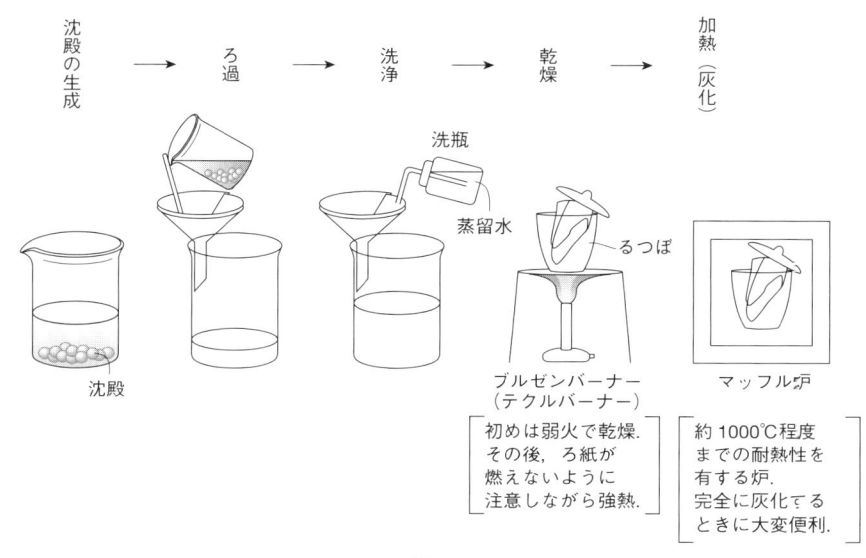

沈殿
洗瓶
蒸留水
るつぼ
ブルゼンバーナー
（テクルバーナー）
マッフル炉

初めは弱火で乾燥．その後，ろ紙が燃えないように注意しながら強熱．

約1000℃程度までの耐熱性を有する炉．完全に灰化てるときに大変便利．

図 7-1

電解重量分析法

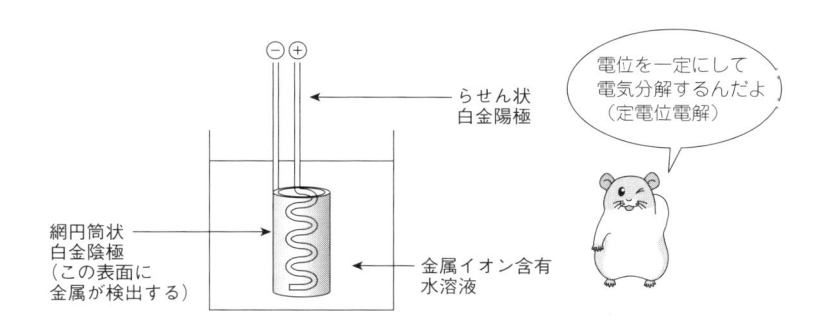

らせん状白金陽極
網円筒状白金陰極（この表面に金属が検出する）
金属イオン含有水溶液

電位を一定にして電気分解するんだよ（定電位電解）

図 7-2

第1節◆重量分析の種類

第2節 沈殿重量分析法

　溶液中の無機イオンを沈殿としてろ過により分離するためには，沈殿を安定な化学形とすることが重要である．

1 沈殿の生成

　安定な無機イオンの沈殿は，溶解度積の小さな沈殿を生じる対イオンを含む無機塩を沈殿剤として溶液中に添加すると生成する．また，無機イオンと安定な錯体を生成する有機錯形成剤を加えると粒径や，生成する錯体の分子量が大きな沈殿を得ることもできる．特に，金属イオンと安定に錯形成して沈殿を生成する有機沈殿剤としてオキシンやジメチルグリオキシムが用いられ，着色した大きな沈殿が得られる．

2 沈殿の生成に影響を及ぼす要因

　沈殿の生成にはpH，共存イオンの種類，温度，水溶液中に混在する溶質の種類と割合などが影響する．pH，共存イオンの影響については第3章で見た．
　温度が物質の溶解に大きく影響することはよく知られている．一般に無機塩は温度が上昇すると溶解度も増加する．しかし，沈殿を生成させた後，ある程度溶液の温度を上げた状態でろ過を行うほうが，沈殿が大きくなるためにろ過が迅速に行われ，また不純物も溶解しやすくなる．沈殿の生成過程では試料溶液を加熱した後，激しく攪拌しながら低濃度の沈殿剤の溶液をゆっくり加えていくと粒径の大きな沈殿が得られやすい．沈殿剤はあらかじめ目的イオンより過剰に加えておくべきであるが，まず沈殿を生成させてから，その沈殿が沈降するのを待ち，さらに上澄み液中に少量の沈殿剤溶液を添加して沈殿生成の有無を調べるほうがよい．
　ただし，沈殿剤を過剰に加えすぎると沈殿に吸着されて正の誤差（実際の値以上の値）となったり，金属イオンでは一度生成した沈殿が異なるイオン形として再溶解して負の誤差（実際の値以下の値）を生じることもあるので注意が必要である．
　無機塩の沈殿生成においては，メタノールやエタノールのような有機溶媒を加えて溶媒の極性を下げることで，沈殿生成を促す操作を行うこともある．

沈殿重量分析

成分	沈殿剤	加熱（℃）	秤量形
Al	オキシン（酢酸溶液）	130	$Al(C_9H_6NO)_3$
Ba	希硫酸	強熱，900	$BaSO_4$
Ca	シュウ酸アンモニウム	>850	CaO
Cd	オキシン（エタノール溶液）	280	$Cd(C_9H_6NO)_2$
Fe	ヘキサメチレンテトラミン，NH_3	強熱	Fe_2O_3
K	$Na[B(C_6H_5)_4]$	室温	$K[B(C_6H_5)_4]$
Ni	ジメチルグリオキシム（エタノール溶液）	110	$Ni(C_4H_7N_2O_2)_2$
Si	塩酸	>900	SiO_2
Sn	塩酸	強熱，830～1000	SnO_2
Zn	オキシン（エタノール溶液）	130～150	$Zn(C_9H_6NO)_2$

表 7-1

沈殿の作製法

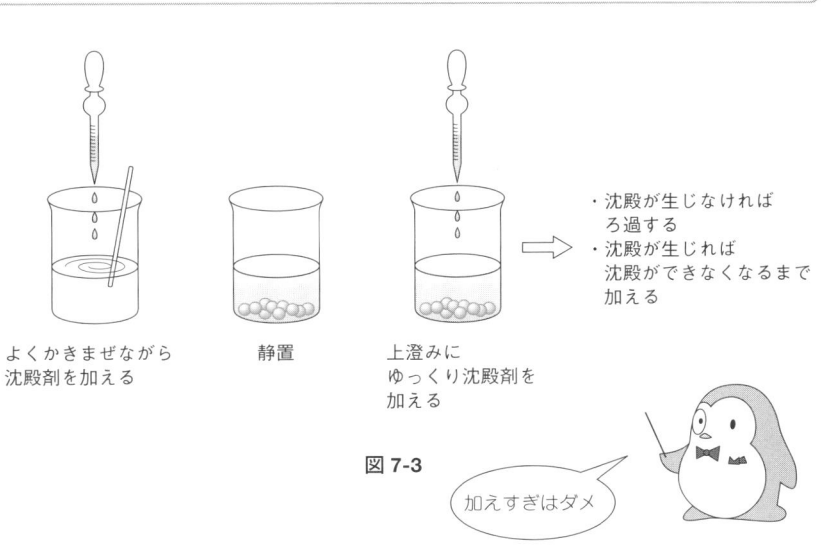

よくかきまぜながら沈殿剤を加える

静置

上澄みにゆっくり沈殿剤を加える

・沈殿が生じなければろ過する
・沈殿が生じれば沈殿ができなくなるまで加える

図 7-3

加えすぎはダメ

第3節 沈殿の純度

重量分析では，対象とする沈殿が生成する際に不純物を含むものが生じることがある．ここでは，沈殿の汚染の種類とその対策について述べる．

1 沈殿の汚染

目的イオンが沈殿を生成するときに，可溶性の物質を伴って沈殿する現象を**共沈**という．たとえば Cu^{2+} と Fe^{3+} が共存する溶液において，Fe^{3+} を沈殿させる場合，わずかに過剰のアンモニアを添加して塩基性とした後に加熱し，$Fe(OH)_3$ の水和物沈殿を得る．このとき，Cu^{2+} は青色のアンミン錯体となって溶液中に溶解するが，その一部は $Fe(OH)_3$ とともに沈殿する．このため，この沈殿をそのまま用いると定量段階で正の誤差を生じる．

共沈には，沈殿生成の過程で共存するほかのイオンが成長途中の小さい沈殿の表面に吸着する場合と，**固溶体**が生成する場合などがある．ここで例に挙げた $Fe(OH)_3$ の沈殿生成における不純物の共存はイオンの沈殿粒子への吸着によるものであり，多くの沈殿の汚染はこれが原因である．固溶体は，沈殿の結晶格子中に，沈殿を生成するイオンと類似の性質を持つ異種イオンが置き換わることにより生じるもので，**混晶**とも呼ばれる．たとえば $BaSO_4$ の生成において，溶液中に Sr^{2+} のような電荷が同じでイオン径も類似したイオンが共存する場合には，Ba^{2+} と Sr^{2+} が共存した沈殿が生じることがある．

沈殿の汚染の原因としては共沈のほかに，目的物の沈殿が生成したままの状態で放置したときに異種イオンが沈殿剤との間で沈殿をつくる後沈がある．

2 不純物の除去

沈殿の汚染は，温浸，再沈殿，前処理による不純物の分離，大きな沈殿の生成，洗浄操作の組み合わせなどで防ぐことができる．

再沈殿とは，一度生成した沈殿を分離して，妨害イオンのない溶媒中で溶解させた後，沈殿剤により再び沈殿を生成する方法である．前処理による分離法には，イオン交換カラムクロマトグラフィーや妨害イオンの酸化・還元によるものなどがある．沈殿の洗浄では溶解を抑えるために，**少量の水で回数を多く洗浄**したほうがよい．また低温の水，電解質やアルコールを含む水などを用いることもある．

沈殿の汚染

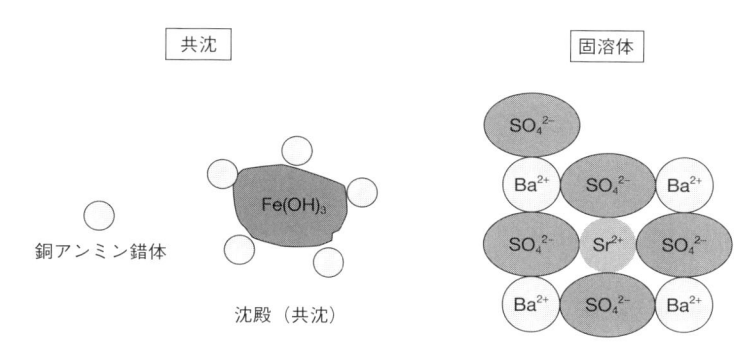

共沈 / 固溶体

図 7-4

不純物の除去

イオン交換カラム / 温浸

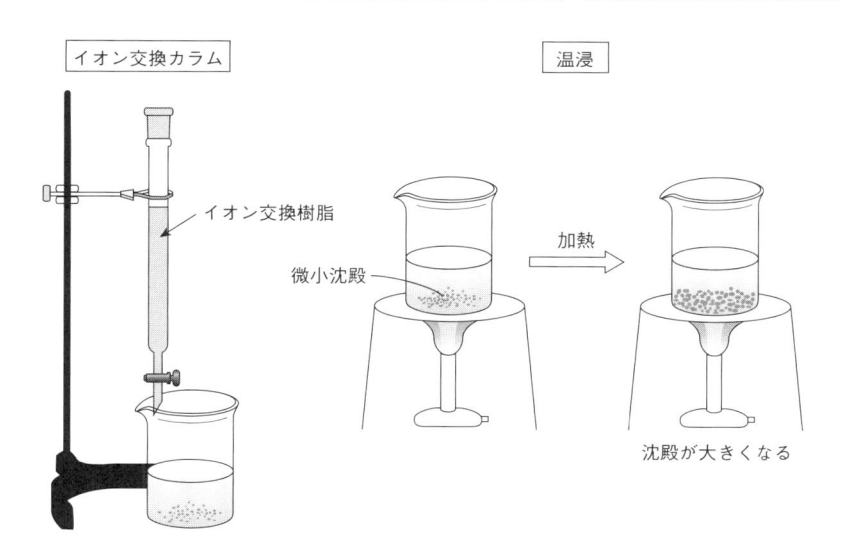

図 7-5

第4節 高純度沈殿の作製

 高純度な沈殿を得ることが重量分析の正確さと精度を上げるためには不可欠である．そのために，古くからなされてきた工夫について見てみよう．

1 沈殿の溶解と再沈殿

 前節でも見たが，再沈殿とは一度生成した沈殿を分離して溶解させた後，再度沈殿を生成することにより，高純度の沈殿を作製する方法である。

 沈殿重量分析法でよく作製される金属イオンの沈殿形としては，水酸化物と硫化物がある．水酸化物の溶解度積は第3章で見たように水酸化物イオン OH^- 濃度に依存する．したがって，水酸化物の沈殿を溶解させるためには OH^- 濃度を下げる（pH を下げる）ことで金属イオン濃度との積を溶解度積以下に下げればよい．そのために，主に塩酸または硝酸が用いられるが，塩酸を用いる場合には，目的イオンや共存イオンの塩化物などの沈殿生成の有無を確かめておかねばならない．また，硝酸は多くの金属イオンを溶解するが，目的イオンが硝酸に酸化されるものでは，再沈殿の際に溶解前と異なった沈殿形を生じるために注意を要する．

 再沈殿を行う際には，沈殿をろ過，洗浄したものを新たなビーカーに移し，薄い酸に溶解させた後，アンモニアなどを加え塩基性として沈殿を作る．この際，共沈していた異種イオンが溶液中に溶存する．

 多くの重金属イオンが硫化物沈殿を生成するが，硫化物沈殿は pH を下げると硫化物イオン S^{2-} がプロトン付加して HS^-，H_2S などになるために S^{2-} の濃度が極端に下がり，沈殿が溶解しやすくなる．

2 均一沈殿法

 目的イオンの沈殿を生成させる際に，低濃度の沈殿剤を激しく撹拌しながら加えても，沈殿剤の濃度が局所的に高まることは避けられない．そこで高純度の沈殿を得るために，溶液内の沈殿剤の濃度を均一に保つ**均一沈殿法**（均質沈殿法）が用いられる．この方法は沈殿剤を加える代わりに，あらかじめ溶液中に添加しておいた試薬の分解反応により沈殿剤を発生させる手法である．本法により生成する沈殿は粒径が大きな結晶性のものとなり，異種イオンの共沈が非常に少ない．

再沈殿

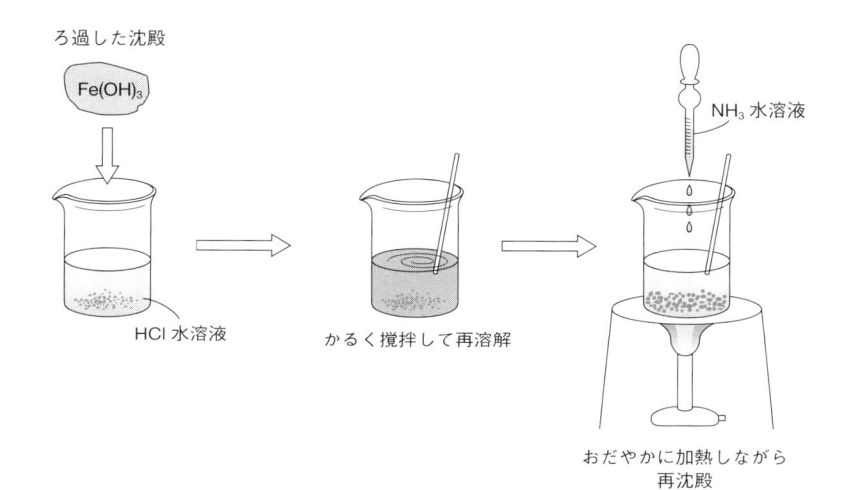

図 7-6

均一沈殿法

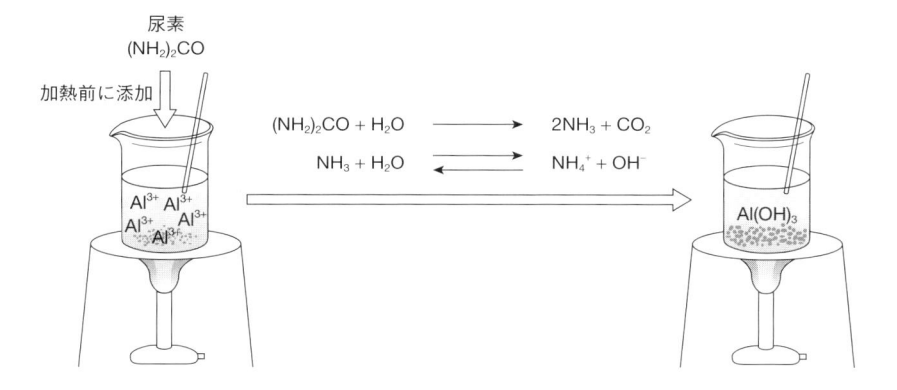

$$(NH_2)_2CO + H_2O \longrightarrow 2NH_3 + CO_2$$
$$NH_3 + H_2O \rightleftharpoons NH_4^+ + OH^-$$

図 7-7

第5節 沈殿の秤量

　ろ過や洗浄によって得られた沈殿は，高純度の単一化学種の形で秤量することが重要である．そのために，沈殿を十分に乾燥した後から秤量するまでの操作が重要となる．重量分析で用いる沈殿は，①生成した沈殿が秤量に適した組成のもの（秤量形という），②沈殿の組成が秤量形とは異なるために強熱して秤量形とするもの，の2種類に分かれる．

1 沈殿が秤量形であるものの取り扱い

　上記①に当てはまる代表的な沈殿としてニッケル（Ⅱ）イオン Ni^{2+} とジメチルグリオキシムとの錯体がよく知られている．Ni^{2+}-ジメチルグリオキシム錯体は，Ni^{2+} とジメチルグリオキシムとが1：2の割合で反応した錯体である．この錯体は，塩酸酸性の Ni^{2+} に対して化学量論関係よりわずかに過剰にジメチルグリオキシムを加えた後，アンモニアを添加してわずかに塩基性の条件で加熱すると定量的に安定な沈殿として生成する．この沈殿を温かいうちに，あらかじめ秤量しておいたガラスフィルターでわずかに吸引しながらろ過し，熱水で数回洗って目的の沈殿を得る．この沈殿を，ガラスフィルターごと一定時間約 110 ℃ で加熱乾燥して水分を除き，秤量して得られた錯体の質量から初めの溶液に含まれていた Ni^{2+} の質量を計算により求める．

2 沈殿が秤量形と異なるものの取り扱い

　上記②には多くの沈殿があり，たとえば鉄（Ⅲ）イオンの沈殿がこれに当てはまる．水溶液中の鉄には2価と3価のものがあるが，あらかじめ酸化剤を加えてすべての鉄イオンを3価（Fe^{3+}）とした後，アンモニア水の添加により塩基性として水酸化鉄（Ⅲ）$Fe(OH)_3$ の形で沈殿を得る．上記の操作に従い得られた沈殿をろ紙でろ過した後，希アンモニア水で洗浄する．得られた沈殿はろ紙ごと，秤量済みのるつぼに移し，蓋を取った状態で 100 ℃ 付近の乾燥器で乾燥した後，隙間を空けて蓋をして，バーナーの弱火にかけて水蒸気や白煙が出なくなるまで加熱する．続いてろ紙が燃えない程度に強熱してろ紙を灰化させる．最後に強熱，あるいは約 1000 ℃ の電気炉（マッフル炉）に入れて，酸化鉄（Ⅲ）Fe_2O_3 を得る．これが水溶液中の鉄イオンの重量分析における秤量形である．

ニッケル - ジメチルグリオキシム錯体によるニッケルイオンの定量

$C_4H_8N_2O_2$
ジメチルグリオキシム
分子量：116.11

$C_8H_{14}N_4O_4Ni$
ニッケル - ジメチルグリオキシム錯体
分子量 288.89

未知濃度（a mol/L）のニッケルイオンを含む溶液 100.0 mL にジメチルグリオキシムを十分加えて得られたニッケル - グリオキシム錯体の沈殿を，十分に乾燥した後の質量が b g であったとする．このとき初めの溶液に含まれていたニッケルイオンのモル濃度（a mol/L）を求める．

得られた沈殿の質量が b g で，その錯体の分子量は 288.89 であるから，

$$沈殿の物質量 = \frac{b}{288.89} \text{ (mol)}$$

したがって，初めの溶液中に含まれるニッケルイオンのモル濃度（a mol/L）は，

$$a = \frac{b}{288.89} \times \frac{1000}{100.0} \text{ (mol/L)}$$

水酸化鉄（Ⅲ）の沈殿による鉄イオンの定量

$Fe^{2+} \xrightarrow{酸化剤} Fe^{3+}$

$Fe^{2+} + 3OH^- \rightleftarrows Fe(OH)_3$

$2Fe(OH)_3 \xrightarrow{強熱} Fe_2O_3 + 3H_2O$

鉄イオンを a mol/L 含む水溶液 100.0 mL に，硝酸や過酸化水素のような酸化剤を加えて鉄（Ⅲ）イオンとした後，過剰のアンモニア水を添加して水酸化鉄（Ⅲ）の沈殿を得た．この沈殿を所定の操作で乾燥した後，強熱して酸化鉄（Ⅲ）を b g 得た．このとき初めの溶液に含まれていた鉄イオンのモル濃度（a mol/L）を求める．

酸化鉄（Ⅲ）（Fe_2O_3）の式量は 159.70 であるから，

$$鉄イオンの物質量 = \frac{2b}{159.70} \text{ (mol)}$$

したがって，初めの溶液に含まれていた鉄イオンのモル濃度（a mol/L）は，

$$a = \frac{2b}{159.70} \times \frac{1000}{100.0} \text{ (mol/L)}$$

8章 容量分析

　容量分析は，目的物質の量を添加する試薬量との関係に基づいて正確に測定する方法である．

第1節 測容器

　容量分析において正確な体積の測定のために用いる容器が測容器である．測容器には，容器の中に入っている溶液の量を測定する受用容器（TC または E と外壁面に書かれている）と，一度その器具の中に入れてからほかの容器に移し替えるときの溶液量を測定するための出用器具（TD または A）の2種類がある．

1 メスフラスコ：受用容器

　溶液の濃度を精密に調整するときに最もよく用いられる容器である．測容器は標準温度（20 ℃）で標線まで入れたときに，表示の体積となるように製造されている．メスフラスコで固体試料を溶解する場合はまず首の手前まで溶媒を加えて完全に溶解した後，溶媒を標線まで加えて体積を一定とする．濃厚溶液を希釈する場合も同様である．

2 ビュレット：出用器具

　滴定実験に最もよく用いられ，溶液を任意の量だけ添加する場合に最適である．全容 25 mL と 50 mL のものがよく使用され，1.0 mL ごとの大きな目盛りの間に 0.1 mL 単位の小さな目盛りが切ってあり，その 1/10 まで目視で読み取る．

3 ピペット：出用器具

　ある容器から溶液を取り出して，ほかの容器に一定量を注ぐときに用いる器具である．ピペットにはホール（全量）ピペットとメスピペットがあり，ホールピペットは標線まで取り出した溶液の全量を注ぎ込むと，ピペットに記された量を移すことができる．メスピペットにはビュレットと同様に目盛りが切られており，溶液を最初に取り出した量を読んでおき，そこから必要な量を注ぎ込むことで一定量を移すことができる．

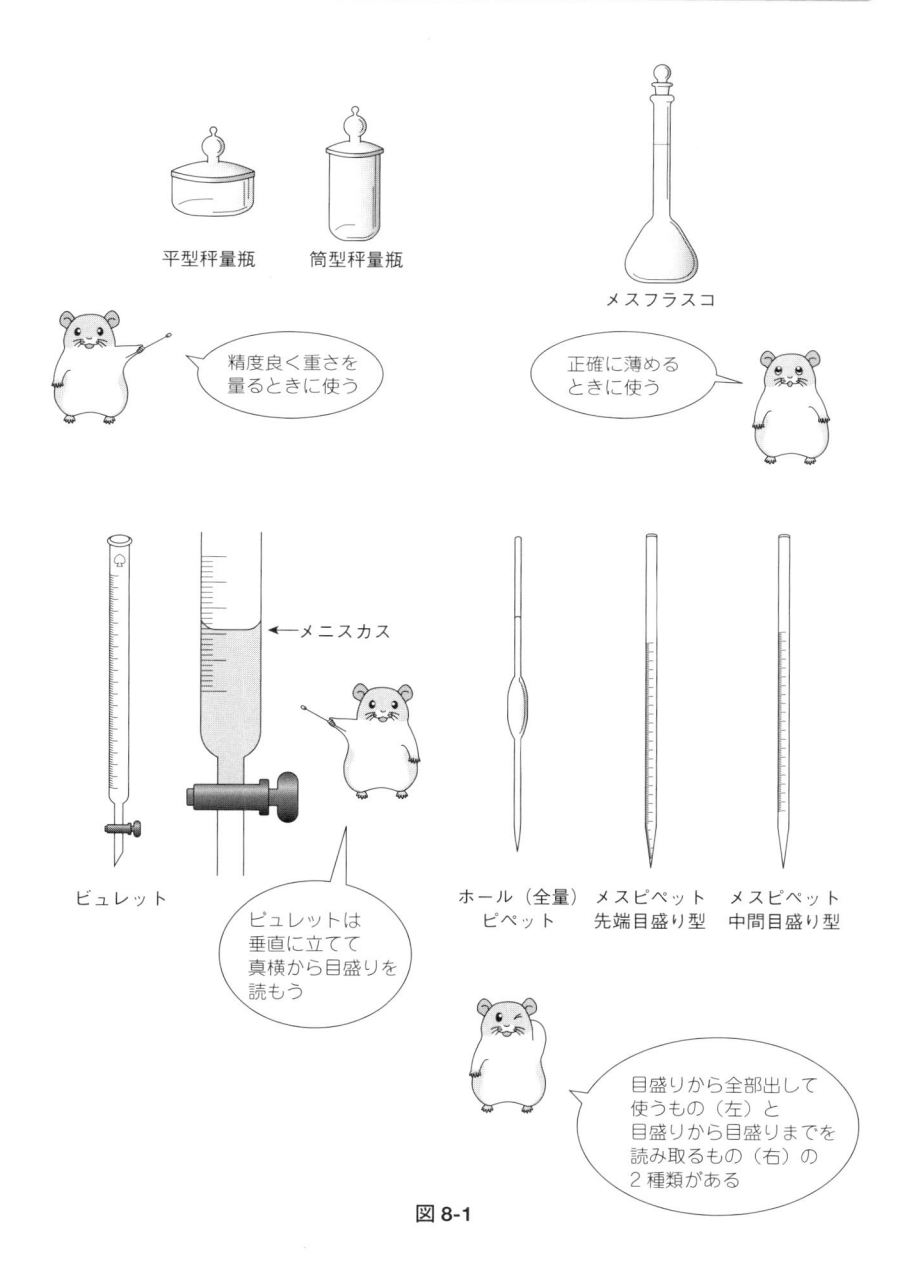

測容器

平型秤量瓶　筒型秤量瓶

メスフラスコ

精度良く重さを量るときに使う

正確に薄めるときに使う

←メニスカス

ビュレット

ビュレットは垂直に立てて真横から目盛りを読もう

ホール（全量）ピペット　メスピペット 先端目盛り型　メスピペット 中間目盛り型

目盛りから全部出して使うもの（左）と
目盛りから目盛りまでを読み取るもの（右）の
2種類がある

図 8-1

第2節 標準溶液

　滴定操作では，未知濃度の目的物（金属イオンなど）を含む試料溶液に，目的物と反応する既知濃度の標準溶液を加え，反応が終了した点を当量点とする．したがって，目的物の正確な定量にはそこで用いる標準溶液の濃度がきわめて重要となる．

1 一次標準溶液の調製

　実際に未知試料を滴定するときに用いる標準溶液は，あらかじめ別の標準溶液により濃度を正しく定めた溶液を用いることが多い．滴定における最初の標準試薬として用いる，高純度で安定性の高い物質を標準試料という．乾燥時の純度が 99.95 % 以上の標準試料を用いて調製する標準溶液が一次標準溶液であり，決められた操作に基づいて乾燥された試薬を用いる．

　まず**精密に秤量し**，ビーカーに入れて完全に溶解した後，メスフラスコに移す．このときビーカーの壁面も十分に洗浄してメスフラスコに加える．メスフラスコに加えるときは，栓のスリに付かないように十分注意し，もし付着した場合は溶媒で完全に流し込んでおく．調製時の気温を測定し，標準温度（20 ℃）における体積に換算して濃度を算出する．

2 標準溶液

　実際に未知試料を滴定するときに用いる標準溶液を二次標準溶液という．二次標準溶液は，あらかじめ一次標準溶液により濃度を正しく定めた溶液を用いることが多い．この操作を標定という．二次標準溶液の調製では目的となる濃度に近くなるように試薬を量り取り，メスフラスコを用いて一定体積の溶液とする．この溶液を正確にホールピペットで別のビーカーに分け取った後，ビュレットを用いて一次標準溶液で滴定して正確な濃度を決める．

　通常は 3 回の測定値の平均値を用いるが，それらの値の間に 0.5 % 以上の誤差がある場合には，再度滴定をやり直す．また，0.1 mol/L の標準溶液を作ったつもりでも一次標準溶液による滴定で求めた値がずれていれば，目標とする濃度を 1 としたときの割合から実際の濃度を算出する．たとえばその値が，1.002 または 0.998 であれば，その場合の標準溶液の正確な濃度は，それぞれ 0.1002 mol/L または 0.0998 mol/L となる．

滴定に使用される一次標準試薬

試薬	滴定法	対象となる物質
炭酸ナトリウム	中和滴定	HCl, H_2SO_4, HNO_3
フタル酸水素カリウム ($C_6H_4COOHCOOK$)	中和滴定	NaOH, KOH
シュウ酸ナトリウム ($Na_2C_2O_4$)	酸化還元滴定	$KMnO_4$
ニクロム酸カリウム ($K_2Cr_2O_7$)	酸化還元滴定	$Na_2S_2O_3$
Cu	酸化還元滴定 キレート滴定	I_2 EDTA
Zn	キレート滴定	EDTA
塩化ナトリウム	沈殿滴定	Ag, Hg

表 8-1

標準溶液

0.1 mol/L フタル酸水素カリウム溶液の調製法

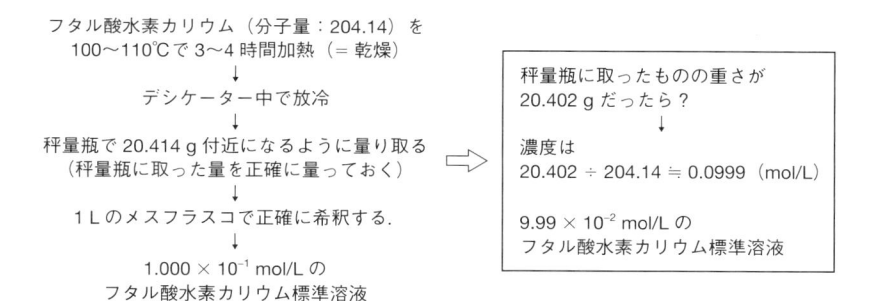

フタル酸水素カリウム（分子量：204.14）を
100～110℃で 3～4 時間加熱（= 乾燥）
↓
デシケーター中で放冷
↓
秤量瓶で 20.414 g 付近になるように量り取る
（秤量瓶に取った量を正確に量っておく）
↓
1 L のメスフラスコで正確に希釈する．
↓
1.000×10^{-1} mol/L の
フタル酸水素カリウム標準溶液

⇒

秤量瓶に取ったものの重さが
20.402 g だったら？
↓
濃度は
20.402 ÷ 204.14 ≒ 0.0999 （mol/L）

9.99×10^{-2} mol/L の
フタル酸水素カリウム標準溶液

第3節 酸塩基滴定（中和滴定）

　酸を塩基の標準溶液，または，塩基を酸の標準溶液を用いた滴定により中和して試料溶液の濃度を決定する滴定法である．ここでは滴定に用いる標準溶液と多塩基酸の滴定について述べる．

1 標準溶液

　中和滴定では，高純度で安定性の高いものが得られやすいフタル酸水素カリウムを一次標準試薬として用いることが多い．この試薬は弱酸性なので二次標準溶液である水酸化ナトリウム水溶液を標定するのに適している．水酸化ナトリウム水溶液は空気中の二酸化炭素を吸収して炭酸ナトリウムとなって OH^- の濃度が低下するため，外気と遮断した容器を用いて窒素などの不活性ガスの雰囲気下で滴定を行う必要がある．また，炭酸ナトリウムを一次標準試薬として標定した塩酸溶液を二次標準溶液として塩基の滴定に用いるときは，塩酸は揮発性なので溶液の調製後すぐに使用する．

2 指示薬

　酸塩基反応は迅速に起こり，中和点を越えると pH が急激に変化するため，指示薬の変色により滴定の終点を容易に知ることができる．指示薬には変色する pH 範囲が異なるものが多くあるので，最適のものを選ぶ．また酸塩基指示薬はそれ自体が弱酸または弱塩基であるため，必要最低限の量を使用する．

3 多塩基酸の滴定

　強塩基による塩酸と一塩基酸の酢酸の滴定についてはすでに第 2 章第 8 節で見た．ここでは代表的な多塩基酸であるリン酸の滴定曲線と酸解離定数との関係について見よう．リン酸には H_3PO_4，$H_2PO_4^-$，HPO_4^{2-}，PO_4^{3-} の 4 種類の化学種が存在するため，K_{a1}，K_{a2}，K_{a3} の 3 つの酸解離定数がある．図 8-2 はリン酸の滴定曲線であるが，酸解離定数の前後では水酸化ナトリウム水溶液の添加量の増加にもかかわらず pH 変化がきわめて小さいことがわかる．この領域が pH 緩衝域であり，その範囲を過ぎると急激な pH の変化が生じる．この pH の急激な変化の中点から，次の同様な変化の中点までの間に要した水酸化ナトリウム水溶液の量から酸の濃度を知ることができる．

中和滴定用指示薬				
指示薬	pK_1	変色pH域	色調	調製法
チモールブルー	1.65	1.2〜2.8	赤—黄	0.1%，20%エタノール水溶液
メチルオレンジ	3.46	3.1〜4.4	赤—橙黄	0.1%水溶液
ブロモフェノールブルー	4.10	3.0〜4.0	黄—青紫	0.1%，20%エタノール水溶液
メチルレッド	5.00	4.2〜6.3	赤—黄	0.2%，90%エタノール水溶液
ブロモチモールブルー	7.30	6.0〜7.6	黄—青	0.1%，20%エタノール水溶液
フェノールレッド	8.00	6.8〜8.4	黄—赤	0.1%，20%エタノール水溶液
チモールブルー	9.20	8.0〜9.6	黄—青	0.1%，20%エタノール水溶液
フェノールフタレイン	9.53	8.3〜10.0	無色—赤	0.1%，90%エタノール水溶液
チモールフタレイン	9.70	9.3〜10.5	無色—青	0.1%，90%エタノール水溶液

［日本化学会編，新実験化学講座9 分析化学Ⅱ，p.181，表7.5，丸善（1977）より一部抜粋］

表8-2

多塩基酸の滴定

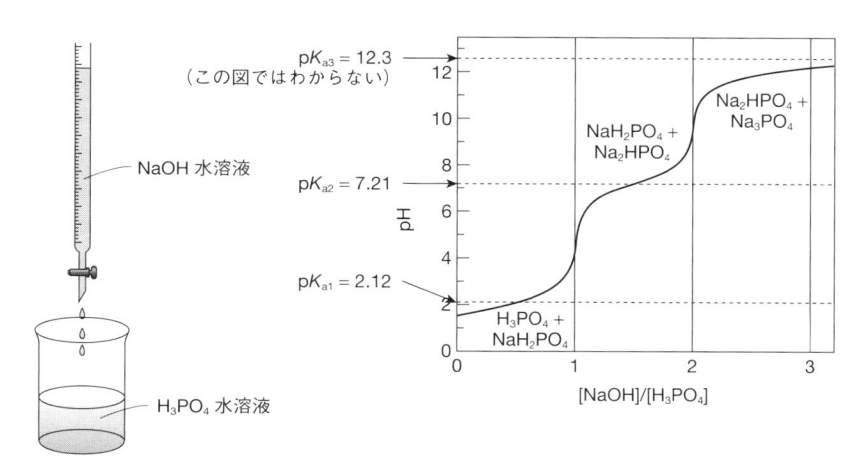

図8-2

第4節 沈殿滴定

沈殿滴定では，第3章の沈殿生成平衡の考え方をもとに，溶液中のイオンの沈殿生成過程を利用して目的イオンの濃度を決定する．この方法は，指示薬の種類が限られているうえに沈殿が迅速に生成しないために金属イオンの滴定にはあまり用いられないが，陰イオンの滴定には適している．しかし，目的イオンに応答するイオン電極を利用した電位差滴定と組み合わせることで，精度の高い定量を行うこともできる．

1 標準溶液

沈殿滴定における標準試薬としては，目的イオンと安定な沈殿を生成する対イオンを含む塩が用いられる．なかでも塩化物イオン Cl^- などの陰イオンの滴定においては銀イオン Ag^+ が有用であり，硝酸銀 $AgNO_3$ の標準溶液が多用される．以下に銀イオン Ag^+ による陰イオンの滴定法を示す．

2 銀イオン Ag^+ による沈殿滴定

① モール法

指示薬として K_2CrO_4 を用いた銀滴定法である．$AgCl$ と Ag_2CrO_4 との溶解度積の差を利用している．Cl^- の未知濃度溶液を pH 7 付近とし，あらかじめ少量の K_2CrO_4 溶液を添加しておき，$AgNO_3$ 標準溶液で滴定を行う．$AgNO_3$ 標準溶液を添加していくと，Ag_2CrO_4 より溶解度の小さい $AgCl$ の沈殿生成が完了した後に，Ag_2CrO_4 の赤褐色沈殿が生成する．沈殿が変色した点を終点とする．

② ファヤンス法

有機蛍光試薬であるフルオレセイン HFl などを用い，沈殿した $AgCl$（厳密には $(AgCl)\cdot Ag^+$）の表面にこの色素の陰イオン Fl^- が吸着して発する蛍光を検出して終点を決定する吸着指示薬法である．Cl^- の未知濃度溶液を pH 7〜10 とし，モール法と同様にあらかじめフルオレセインを添加しておく．$AgNO_3$ 標準溶液を添加していくと，終点では過剰の Ag^+ が沈殿の表面に吸着され，$(AgCl)\cdot Ag^+$ 層を形成するため，水素イオンが解離したフルオレセインイオン Fl^- が吸着し，ピンク色の強い色調を呈する．吸着指示薬にはいくつかの種類があるが，適用できる溶液の pH 範囲に制限がある．

主な沈殿試薬

定量成分	滴定試薬	沈殿成分	指示薬	pH	備考
Cl^-	$AgNO_3$	$AgCl$	CrO_4^{2-}	6〜9	モール法
Cl^-, Br^-, I^-	$AgNO_3$	AgX	フルオレセイン	7〜10	ファヤンス法
F^-	$Th(NO_3)_4$	ThF_4	ジフェニルカルバゾン	3.2〜3.3	
SO_4^{2-}	$Ba(CH_3COO)_2$	$BaSO_4$	アルセナゾⅢ	>3.0	4倍量のイソプロピルアルコール添加
Ag^+	$KSCN$	$AgSCN$	Fe^{3+}	HNO_3 酸性	
Hg^{2+}	$NaCl$	$HgCl_2$	ブロモフェノールブルー	1	フォルハルト法
Pb^{2+}	K_2CrO_4	$PbCrO_4$	オルソクロム T	酸性〜中性	

[日本化学会編,新実験化学講座9 分析化学Ⅱ,p.196,表7.14,丸善(1977)より一部抜粋]

表 8-3

沈殿滴定の例

モール法

$$Ag^+ + Cl^- \longrightarrow AgCl（白色沈殿）$$

$$2Ag^+ + CrO_4^{2-} \longrightarrow Ag_2CrO_4（赤褐色沈殿）$$

> 溶液中の Cl^- がなくなると,Ag^+ と CrO_4^{2-} との沈殿 Ag_2CrO_4 が生じるため,沈殿の色は赤褐色を呈するようになる.

ファヤンス法

蛍光指示薬
（フルオレセイン：Fl^-）

$$[Ag^+] \leq [Cl^-]：(AgCl)\cdot Cl^- \longrightarrow (AgCl)\cdot Cl^- \underset{反発}{\longleftrightarrow} Fl^-（蛍光なし）$$

$$[Ag^+] > [Cl^-]：(AgCl)\cdot Ag^+ \longrightarrow (AgCl)\cdot Ag^+Fl^-（発光）$$

> 溶液中の Cl^- より過剰の Ag^+ が添加されると,沈殿の周囲に Ag^+ が付加し,正電荷を持つようになる.そのため負電荷を持つ蛍光試薬がその外側に付加してピンク色を呈する.

第5節 キレート滴定

キレート滴定とは，標準試薬として添加した錯形成剤と試料溶液中の目的イオンとの間における，第5章で見たような可溶性の安定な錯体の形成を利用する滴定法である．錯形成剤と目的イオンとが完全に錯形成した状態が終点となる．この方法は比較的反応が速いために，終点の決定には比色試薬が多用されるが，イオン電極により目的イオン濃度を追跡する電位差滴定法も用いられる．

1 標準溶液

金属イオンのキレート滴定では，多くの金属イオンと非常に安定な錯体を生成する六座配位子のエチレンジアミン四酢酸 EDTA（H_4Y と書かれることが多い）が標準試薬として最も広く用いられる．また，そのほかのアミノポリカルボン酸誘導体も多用される．0.01 M EDTA 標準溶液がよく使用されるが，この溶液は市販の JIS 特級 EDTA 二ナトリウム塩（Na_2H_2Y と表記する）を正確に秤量し，蒸留水（脱イオン水）に溶かして調製する．標定は一次標準試薬である金属亜鉛から調製した亜鉛標準溶液で行う．

2 EDTA の解離平衡と錯形成

エチレンジアミン四酢酸 EDTA は 4 つの解離可能な水素イオンを持つために，上でも示したように H_4Y と書くことができる．したがって，この化合物には水溶液中で H_4Y，H_3Y^-，H_2Y^{2-}，HY^{3-}，Y^{4-} の 5 種類の化学種が存在する．EDTA と金属イオンとが錯体を形成するためには EDTA は化学種 Y^{4-} として存在することが条件のように考えられがちであるが，たとえば Cu^{2+} や Zn^{2+} と EDTA との間では安定な錯体が生成するために，pH 4 付近から，つまり HY^{3-}，Y^{4-} がほとんど存在しなくても錯体が生成する．

錯体生成については生成定数 K の定義に基づき，金属イオンと錯形成していない遊離の EDTA の濃度 $[Y']$ を用いて副反応係数 α を pH について計算することで，その pH における金属イオンと EDTA との安定度定数，すなわち条件安定定数 K' が求まる．この値から，設定した pH における滴定の可否が判断できる．滴定の誤差の原因となる金属水酸化物の生成を避けるため，このような条件の検討を行い，可能な限り低い pH で滴定を行うことがある．

キレート試薬

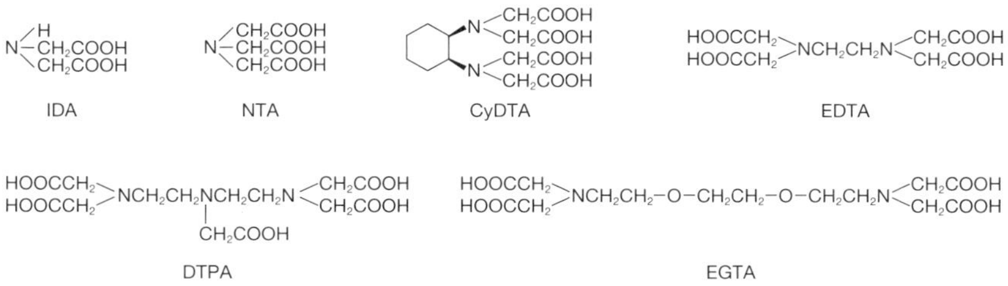

IDA: N(H)(CH₂COOH)(CH₂COOH)

NTA: N(CH₂COOH)(CH₂COOH)(CH₂COOH)

CyDTA: (cyclohexane-1,2-diyl)-N,N,N',N'-tetraacetic acid

EDTA: (HOOCCH₂)₂N-CH₂CH₂-N(CH₂COOH)₂

DTPA: (HOOCCH₂)₂N-CH₂CH₂-N(CH₂COOH)-CH₂CH₂-N(CH₂COOH)₂

EGTA: (HOOCCH₂)₂N-CH₂CH₂-O-CH₂CH₂-O-CH₂CH₂-N(CH₂COOH)₂

図 8-3

EDTA の酸解離曲線

$K_{a1} = [H_3Y^-][H^+]/[H_4Y]$ （式1）

$K_{a2} = [H_2Y^{2-}][H^+]/[H_3Y^-]$ （式2）

$K_{a3} = [HY^{3-}][H^+]/[H_2Y^{2-}]$ （式3）

$K_{a4} = [Y^{4-}][H^+]/[HY^{3-}]$ （式4）

より

$[HY^{3-}] = [H^+][Y^{4-}]/K_{a4}$ （式5）

$[H_2Y^{2-}] = [H^+]^2[Y^{4-}]/K_{a3}K_{a4}$ （式6）

$[H_3Y^-] = [H^+]^3[Y^{4-}]/K_{a2}K_{a3}K_{a4}$ （式7）

$[H_4Y] = [H^+]^4[Y^{4-}]/K_{a1}K_{a2}K_{a3}K_{a4}$ （式8）

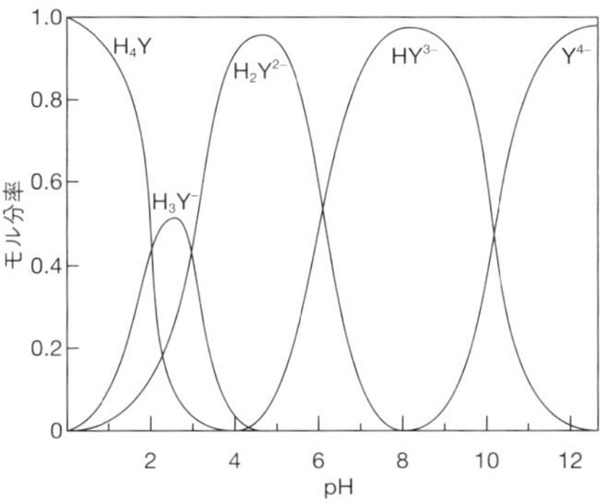

図 8-4

よって

$[Y'] = [Y^{4-}] + [HY^{3-}] + [H_2Y^{2-}] + [H_3Y^-] + [H_4Y]$

$\quad = [Y^{4-}]\{1+[H^+]/K_{a4}+[H^+]^2/K_{a3}K_{a4}+[H^+]^3/K_{a2}K_{a3}K_{a4}+[H^+]^4/K_{a1}K_{a2}K_{a3}K_{a4}\}$

$\quad = [Y^{4-}]\alpha \quad (\alpha = 1+[H^+]/K_{a4}+[H^+]^2/K_{a3}K_{a4}+[H^+]^3/K_{a2}K_{a3}K_{a4}+[H^+]^4/K_{a1}K_{a2}K_{a3}K_{a4})$ （式9）

$$K = \frac{[MY^{-(4-n)}]}{[M^{n+}][Y^{4-}]} = \frac{[MY^{-(4-n)}]\alpha}{[M^{n+}][Y']}$$ （式10）

$$\frac{K}{\alpha} = \frac{[MY^{-(4-n)}]}{[M^{n+}][Y']} = K'$$ （式11）

式11を用いると水素イオン濃度 $[H^+]$ から，条件生成定数 K' を求めることができる．

第6節 キレート滴定の滴定曲線と終点

金属イオンの未知濃度溶液の滴定では，滴定の終点を決定するための指示薬が用いられる．この指示薬による比色定量法は電位差滴定のように特別な電極を用いて電位変化を追跡する方法に比べ，滴定の終点の決定が容易である．

1 滴定曲線

図 8-5 のように添加した錯形成剤の量を横軸に，目的イオンに応答するイオン電極を用いてイオン濃度を測定した値の対数値（$-\log [M^{n+}] = pM$ など）を縦軸にとった曲線がキレート滴定の滴定曲線である．図は，条件生成定数 K' の変化に伴う滴定曲線の変化を示している．このように，条件生成定数 K' の大小にかかわらず $-\log [M^{n+}]$ の鋭い立ち上がり（金属イオン濃度の急激な減少）が認められるため，滴定の終点を容易に知ることができる．図では鋭い立ち上がりの後，さらに EDTA 溶液の添加を続けたときの $-\log [M^{n+}]$ 値の変化に条件生成定数 K' の違いによる差が現れている．つまり，前節で見たような条件安定度定数 K' は水素イオン濃度 $[H^+]$ により変化するため，水素イオン濃度 $[H^+]$ が滴定の終点における溶液中の金属イオン濃度に大きく影響する．

2 指示薬

キレート滴定で使われる指示薬は，それ自体が被滴定（目的）金属イオンと錯形成し，錯形成の有無により著しく色が変化する試薬が適している．つまり，滴定時にあらかじめ指示薬を添加して，目的イオンと錯形成した状態で呈色させておき，この溶液を EDTA などのキレート剤を含む標準溶液で滴定する．そして，金属イオンの配位子が指示薬からキレート剤へと置き換わるため，指示薬が解離して変色することで滴定の終点がわかる．指示薬は，その錯体の安定性が滴定試薬の錯体のものより 10 ～ 100 倍低いものが適当である．

3 マスキング剤

キレート滴定では，目的金属イオン以外に滴定剤と金属キレートを生成する共存金属イオンがしばしば定量を妨害する．このような場合には，妨害となるイオンが滴定剤と錯形成しないように，妨害イオンと安定な錯体をつくる試薬をあらかじめ添加しておけばよい．このような試薬をマスキング剤という．

キレート滴定の滴定曲線

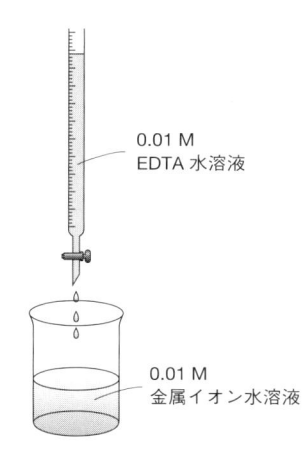

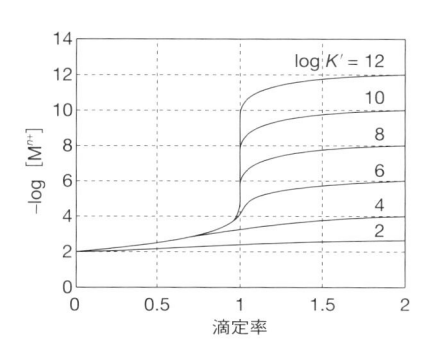

0.01 M EDTA 水溶液

0.01 M 金属イオン水溶液

[姫野貞之，市川彰男，溶液内イオン平衡に基づく分析化学，p.96，図 4.7，化学同人（2001）]

図 8-5

多塩基酸の滴定

金属指示薬（略名）	対象金属イオンとpH	変色
エリオクロムブラック T（BT）	Ca^{2+}, Mg^{2+}, Ba^{2+}, Sr^{2+}（pH 10），Zn^{2+}, Cd^{2+}（pH 7〜10）	赤→青
1-(2-ヒドロキシ-4-スルホ-1-ナフチルアゾ)-2-ヒドロキシ-3-ナフトエ酸（NN）	Ca^{2+}（pH 12〜13）	赤→青
1-(2-ピリジルアゾ)-2-ナフトール（PAN）	Cu^{2+}（pH 3〜10）	赤紫→黄
1-(2-ピリジルアゾ)-2-ナフトール，Cu-EDTA 混合指示薬（Cu-PAN）	Al^{3+}（pH 3），Ni^{2+}, Co^{2+}（pH > 3），Zn^{2+}, Cd^{2+}, Fe^{2+}, Hg^{2+}, Pb^{2+}（pH 4〜4.5）	赤紫→黄
キシレノールオレンジ（XO）	Bi^{3+}（pH 1〜3），Zn^{2+}, Cd^{2+}, Pb^{2+}, Hg^{2+}，希土類イオン（pH 5〜6）	赤紫→黄
ムレキシド（MX）	Co^{2+}（pH 8），Ni^{2+}（pH 10）	黄→紫

[日本化学会編，新実験化学講座 9 分析化学 II，p.191，表 7.9，丸善（1977）より改変]

表 8-4

第7節 酸化還元滴定

　酸化還元平衡については第6章ですでに見た．第6章第8節でも簡単に見たが，酸化還元滴定とは酸化体または還元体をそれぞれ還元剤と酸化剤の標準溶液で滴定する操作であり，双方の標準電位の差により滴定反応が進行する．その場合，試料溶液中に参照電極と白金電極を浸して電位を読み取ると滴定曲線を得ることができる．この滴定反応もキレート滴定と同様に迅速に起こるので，酸化還元指示薬を用いた終点の決定が有効である．

1 標準溶液

　酸化還元滴定では電子の授受により反応が進行する．酸化剤の標準試薬には過マンガン酸カリウム $KMnO_4$，硫酸セリウム（IV）$Ce(SO_4)_2$，二クロム酸カリウム $K_2Cr_2O_7$，ヨウ素 I_2 などがある．

2 滴定曲線

　図8-6 に電位差と滴定剤の割合との関係の滴定曲線を示した．最もよく行われているセリウム Ce^{4+} を用いた Fe^{2+} の酸化反応に基づく滴定では，双方の酸化還元電位の間に 0.84 V の電位差があるために，当量点における電位変化が非常に大きくなる．このように，酸化還元滴定の成分間の酸化還元電位の間に 0.4 V 以上の開きがあるものについてはこの滴定法は有効であるといわれる．一方，Br_3^- による Fe^{2+} の酸化反応では両者の酸化還元電位の間に 0.28 V しか差がないために当量点における明確な電位変化は認めがたい．

3 酸化還元指示薬

　酸化還元滴定の終点では急激な電位変化が起こるので，指示薬により容易に終点を決定することができる．指示薬には，終点において起こる電位変化の間に中間変色点となる電位を持つ試薬が適している．
　また，第6章第8節で触れた $KMnO_4$ 標準溶液を滴定剤として用いる場合には，滴定剤そのものが着色しており，指示薬を添加する必要はない．

酸化還元滴定曲線

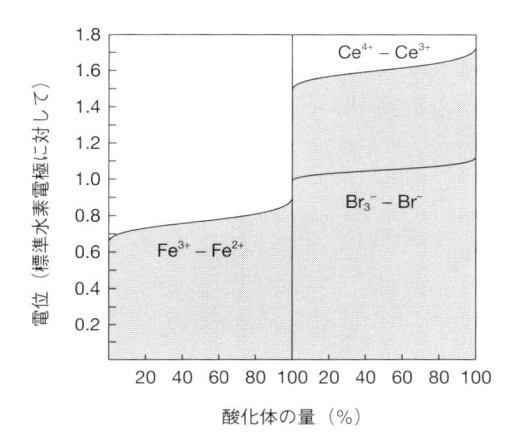

図 8-6

酸化還元指示薬

指示薬	中和変色点における電位 (V) (水素電極基準, pH = 0)	呈色	
		酸化型	還元型
ニュートラルレッド	0.24	赤	無
メチレンブルー	0.53	緑青	無
ジフェニルアミン	0.76	紫	無
エリオグラウシン A	1.0	赤	黄緑
トリス(1,10-フェナントロリン)鉄(II)イオン(フェロイン)	1.14	淡青	赤
5-ニトロフェロイン	1.25	淡青	赤

[日本化学会編,新実験化学講座 9 分析化学 II,p.184,表 7.7,丸善(1977)より改変]

表 8-5

9章 電気化学分析

すべての物質は原子から構成されている．原子はプラスに荷電した原子核と，その周りにあってマイナスに荷電した電子からなる．したがって，すべての物質は本質的に電気的な性質を持っている．

電気を用いて行う，このような物質の電気的な特性に関する定性分析，定量分析などを総称して電気化学分析という．電気に関する測定可能な量として電位（電圧），電流などがある．電気化学分析のうち，電位差分析は電位を測定するものであり，ポーラログラフィー，サイクリックボルタンメトリーは電位と電流の関係を測定するものである．

第1節 基本原理

電気化学分析を行う際に基本となる原理，法則がある．それはファラデーの法則とネルンストの式である．

1 ファラデーの法則

ファラデーの法則は物質の量と電気量の関係を表したものである．電気分解反応においてファラデーの法則は次のように表される．

1　電気分解によって電極に析出あるいは電極から溶出する物質の量は電気量に比例する．
2　同じ電気量によって析出，あるいは溶出する物質の量は，その分子量に比例し，価数に反比例する．

以上の関係をまとめたのが式1である．

2 ネルンストの式

ネルンストの式は，先に第6章第7節で見たものである．反応式3で表される反応の起電力は，それぞれの濃度を用いて式2で表すことができる．この式は，溶液の起電力と濃度を関係付けたものであり，電気化学分析を濃度測定に用いる場合の基本となる式である．

電気化学分析

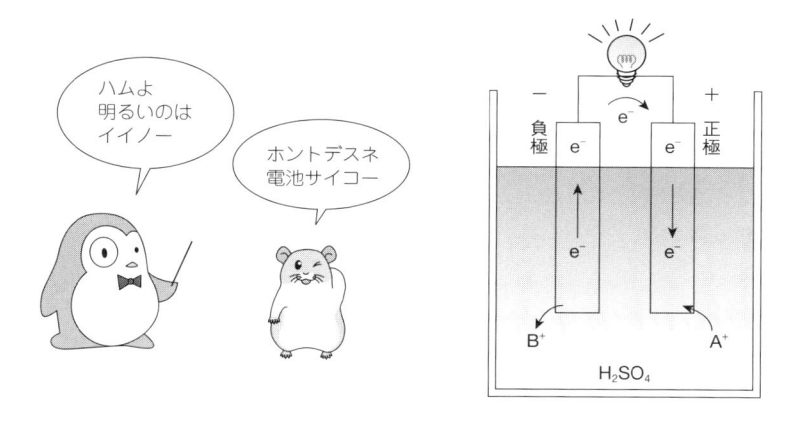

(ハムよ 明るいのは イイノー)
(ホントデスネ 電池サイコー)

正極　$A^+ + e^- \longrightarrow A$　　　　［反応式 1］

負極　$B \longrightarrow B^+ + e^-$　　　　［反応式 2］

ファラデーの法則

$$w = \frac{MQ}{nF} \tag{式 1}$$

w：電極で反応（析出，溶出）した量
M：分子量
n：電子の mol 数
F：ファラデー定数（96485 C/mol）
Q：電気量（$i \times t$；i：電流値（A），t：時間（s））

ネルンストの式

$$aA + bB \rightleftarrows cC + dD \qquad ［反応式 3］$$

$$E = E^\circ - \frac{RT}{nF} \ln \frac{[C]^c[D]^d}{[A]^a[B]^b} \tag{式 2}$$

第2節 電位差分析法

電位差分析法とは，溶液の起電力（電位）を測定することによって溶液の濃度を測定する分析法である．溶液の pH を測定する pH メーターは電位差分析法の応用例の一つである．

1 濃淡電池

濃度の異なる溶液の間で起こる電子移動を利用した電池を濃淡電池という．図 9-1 は濃度の異なる硝酸銀溶液 $AgNO_3$ と銀電極を用いた濃淡電池である．左側の希薄溶液側では，銀電極から銀が銀イオン Ag^+ として溶液中に溶け出す．そのため，銀電極に電子が溜まる．この電極と，濃厚溶液側の銀電極とを銅線で結べば，電子は濃厚溶液側の電極に移動する．すなわち，電流が流れて電池が成立したことになる．

その結果，濃厚溶液中の銀イオンが電子を受け取り，金属銀となって電極上に析出する．やがて，両溶液の濃度が等しくなったところで電子の移動はなくなり，電池は寿命を迎えることになる．

2 濃度測定

濃淡電池を用いて濃度不明の試料の濃度を決定することができる．この電池の構成は図 9-2 のようになり，起電力はネルンストの式を用いて，式 2 で表される．すなわち，希薄溶液を標準溶液としてその濃度を a_0 とすると，濃度不明の濃厚溶液の濃度 a を，電池の起電力を測定することによって知ることができる．

3 ガラス電極

式 1 は 2 つの部分に分けて考えることができる．中央の |膜| を挟んだ，左と右の両部分である．この左の標準電極部分を独立して作っておけば，右側の溶液は任意に選ぶことができる．すなわち，この電極を参照電極として，任意の溶液の起電力，濃度を測定することができる．

これがガラス電極の原理であり，図 9-3 に，ガラス電極の構造を示した．ガラス膜は特殊な組成のガラスで H^+ しか透過しない．

濃淡電池

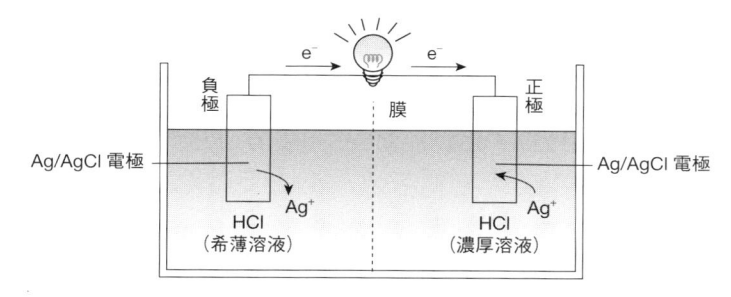

図 9-1

電位差分析による濃度測定

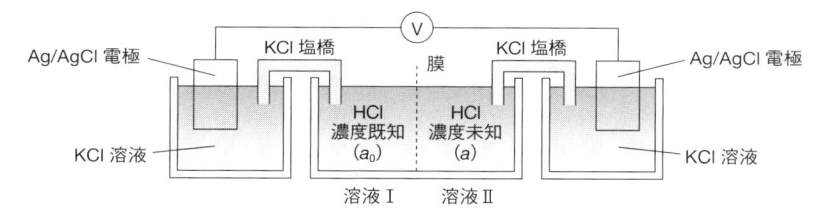

$Ag \mid AgCl \mid KCl \mid 溶液 I \mid 膜 \mid 溶液 II \mid KCl \mid AgCl \mid Ag$ （式1）

$$E = \frac{RT}{nF} \ln \frac{a}{a_0}$$

$$= \frac{0.05916}{n} \log \frac{a}{a_0} \quad （式2）$$

図 9-2

ガラス電極

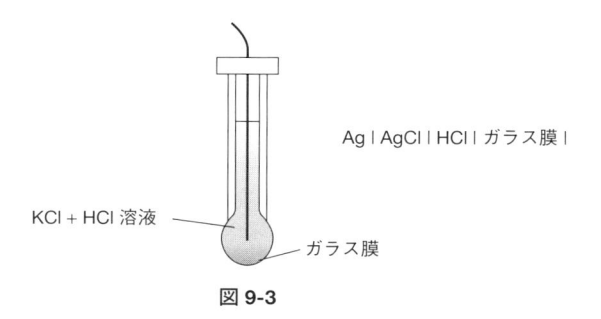

$Ag \mid AgCl \mid HCl \mid ガラス膜 \mid$

図 9-3

第3節 電位差滴定

電位差の変化を測定することによって，当量点を検出する滴定を電位差滴定という．

1 電位差滴定

中和滴定は中和という化学反応を用いる滴定であり，酸化還元滴定は酸化還元という化学反応を用いる滴定である．それに対して，電位差滴定には，対応する化学反応はない．すなわち，電位差滴定は，滴定の当量点を検出するための手段であり，どのような化学反応の滴定にも用いることができる．つまり，電位差滴定は滴定実験における指標（指示薬）として電位差変化を用いるということである．

2 電位差滴定による中和滴定

実例として中和滴定を挙げてみよう．濃度未知の塩酸溶液を，濃度既知の水酸化ナトリウム標準溶液で滴定する中和滴定は，第2章第8節で見たところであり，そこでは当量点を検出するために，色が変化する指示薬を用いた．

電位差滴定による中和滴定では，指示薬の代わりに電極を使用し，色の変化の代わりに電位差の変化によって当量点を検出する．

図9-4は滴定の様子と，滴定に伴う電位差の変化を示したものである．滴定の前半と後半では電位差の目立った変化はない．ところが，当量点近くでは急激な変化があり，当量点を正確に検出することができる．

このように，電位差滴定では，当量点をきわめて機械的に正確に検出することができるので，各種の滴定に応用されている．

3 滴定による電位差の変化

滴定に伴う電位差の変化を実感してもらうため，0.01 mol/L 塩酸溶液を 1 mol/L 水酸化ナトリウム溶液に滴下した際の電位差をネルンストの式から計算した値を表に示した．図9-4のように，当量点近くで電位差が大きく変化することがわかる．

電位差滴定

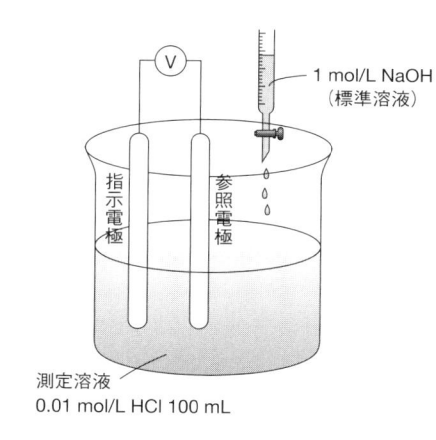

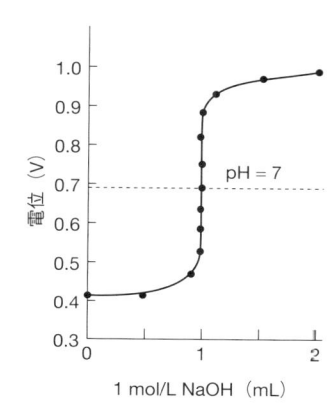

図 9-4

測定溶液
0.01 mol/L HCl 100 mL

電位差の変化

1 mol/L NaOH 添加量 (mL)	H⁺	pH	E_{H_2} (V, 規定カロメル電極に対して)
0.00	10^{-2}	2	0.398
0.90	10^{-3}	3	0.457
0.99	10^{-4}	4	0.516
0.999	10^{-5}	5	0.575
0.9999	10^{-6}	6	0.634
1.0000	10^{-7}	7	0.693
1.0001	10^{-8}	8	0.752
1.001	10^{-9}	9	0.811
1.01	10^{-10}	10	0.870
1.10	10^{-11}	11	0.929
2.00	10^{-12}	12	0.988

[日本分析化学会編, 基礎分析化学講座 14 電気滴定と電解分析, p.21, 表 3.1, 共立出版 (1976)]

表 9-1

第4節 ポーラログラフィー

　前節の電位差滴定のように電位（ポテンシャル）を測定する分析法をポテンシオメトリー（potentiometry）という．それに対して，電圧を印加して電流を測定する測定法をボルタンメトリー（電圧電流法，voltammetry）という．ボルタンメトリーには，ポーラログラフィーやサイクリックボルタンメトリーがある．

1 ポーラログラフィー

　ポーラログラフィー（polarography）は，溶質にさまざまな電位の下で電流を流して電解還元し，そのときの電位と電流の関係を記録する測定法である．
　ポーラログラフィーの一番の特徴は，その電極である．標準電極を陰極とする一方，毛細管から絶えず水銀を滴下させ，それを陽極とする．そのため，陽極の表面は常に新しいことになる．

2 ポーラログラム

　ポーラログラフィーで測定したデータを**ポーラログラム**という．図9-6に示したのはその一例である．横軸は電位であり，縦軸は電流である．電流値を表す線がのこぎりの歯のようになっているのは，陰極が水銀の滴下電極であり，常に成長と消滅を繰り返していることに対応する．
　電位が低い間は残余電流以外の電流は流れないが，ある電位に達すると電流が流れ始め，さらに，ある電流に達すると，それ以上は流れない平衡状態となる．このときの電流を限界電流という．

3 分析法

　残余電流と限界電流の差を拡散電流といい，拡散電流の半分の電流値を与える電位を半波電位と呼ぶ．**半波電位は，溶質の標準電極電位（第6章第6節参照）に近い値となる．そのため，半波電位を用いて溶質の同定を行うこともできる．
　濃度既知の標準溶液の拡散電流を用いて検量線（第12章第8節参照）を作れば，濃度未知の試料溶液の濃度を求めることができる．

ポーラログラフィーの測定系

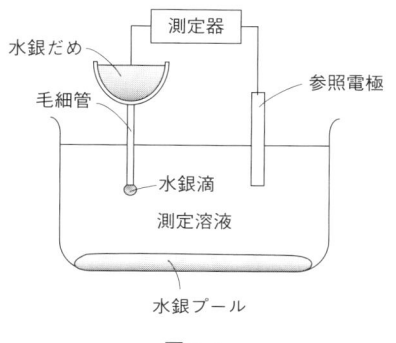

図 9-5

ポーラログラム

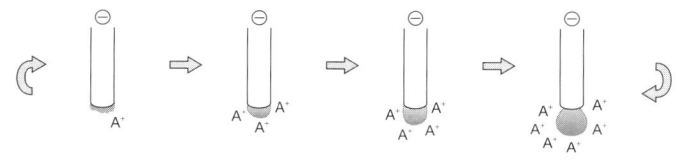

① 新しい水銀滴ができ始める
② 水銀滴が大きくなる
③ 水銀滴がさらに大きくなる
④ 水銀滴が落下する

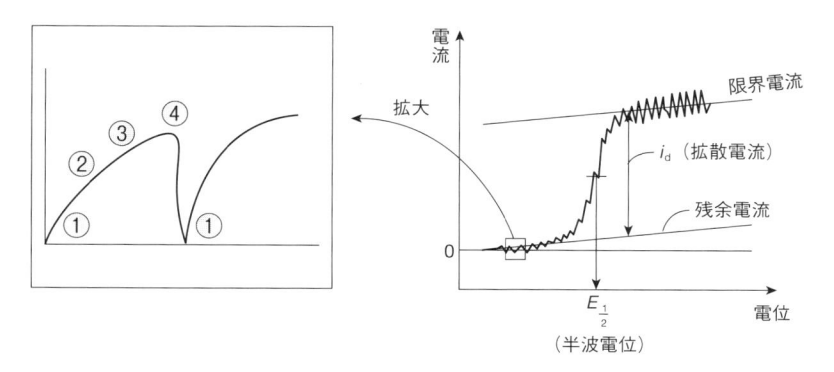

図 9-6

第5節 サイクリックボルタンメトリー

　プラスからマイナスまで連続的に変化させた電位の下で溶液に電流を流して，溶質を酸化還元し，そのときの電位と電流値の関係を測定する方法をサイクリックボルタンメトリー（cyclic voltammetry）という．この方法の特徴は，この連続した電位にある．その結果，可逆的な酸化還元が起こる系では連続した，閉じた曲線が得られる．

1 可逆系

　物質 A が酸化されると B になり，B を還元すると再び A に戻るとき，この系は可逆系であるという．それに対して，B が還元できない，あるいは B を還元しても A に戻らずに，別の物質に変わってしまうのが不可逆系である．

　図9-8の左側は，可逆系の**サイクリックボルタモグラム**である．電位を正に掃引していくと，A の電解酸化が起こり電流が流れる．そしてある電位に達するとピークを迎える．しかし，やがて電極界面の A の濃度は低下するので，電流値も低下して一定値に落ち着く．

　このとき電極界面には，A が酸化されて生成した B がたくさん存在する．そこで，電位を負の方向に掃引していくと B の還元が進行し，電流が流れる．この電流もピークを迎え，やがて一定の値に落ち着く．したがって，電位を掃引する方向を，正，負と切り替えることによって，電流―電位曲線は同じサイクルを繰り返すことになる．

2 不可逆系

　図9-8の右側は不可逆系の例である．電位を正方向に掃引していくと A の電解酸化が起こり，電流が流れてピークを迎え，一定値に収束する．しかし，ここで電位を負方向に切り替えても目立った電流の変化はなく，出発の電流値にも戻らない．このため，サイクルは完結しない．

　このように，サイクリックボルタンメトリーによって，反応が可逆か不可逆かを知ることができる．また，電解酸化，還元が2電子，3電子で行われる場合には，それに対応したピークが2個，3個現れ，さらにそれぞれの酸化還元電位まで容易に知ることができる．

サイクリックボルタンメトリーの測定系

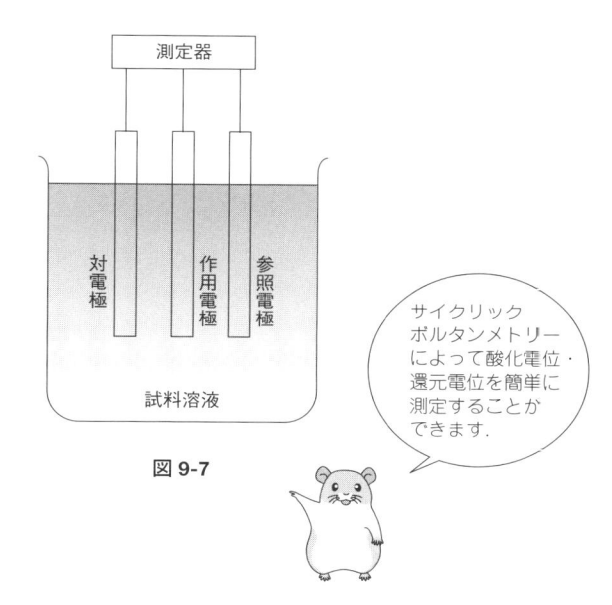

図 9-7

サイクリックボルタンメトリーによって酸化電位・還元電位を簡単に測定することができます.

サイクリックボルタモグラム

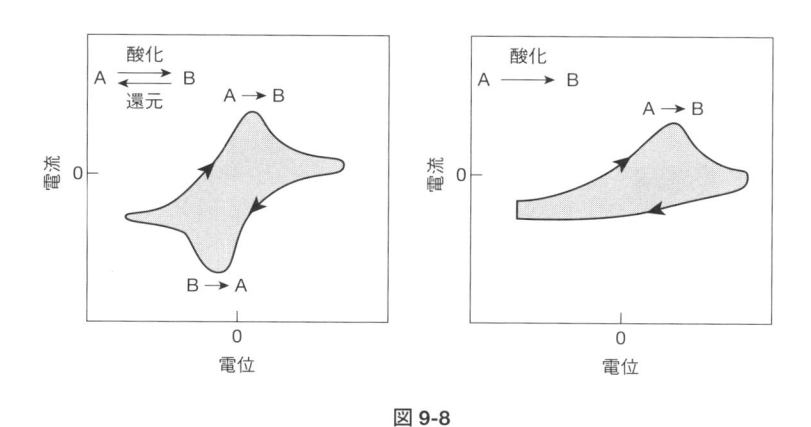

図 9-8

第6節 電気泳動

　静電引力によって陽イオンはマイナス電極（陰極）に引き付けられ，陰イオンはプラス電極（陽極）に引き付けられる．この現象を応用したのが電気泳動である．電気泳動は溶液成分の同定だけでなく，混合物の分離に用いることもできる．

1 原理

　細い管（カラム）内にイオン性の試料を含む溶液を入れ，その両端に数百〜数万Vの電圧を印加する．すると電極とイオンの間の静電引力によって陰イオンは陽極に，陽イオンは陰極に向かって移動（泳動）する．この現象を電気泳動という．

　イオンの泳動する速度を**イオン移動度**という．**イオン移動度は，イオンの価数，イオンの大きさ，溶媒との親和性などによって異なる**．したがって，管の適当な位置に検出器を設置し，通過したイオン濃度を記録すれば，溶液に含まれるイオンの種類数，およびその相対濃度を知ることができる．また通過した時間（泳動時間）を測定することによって，そのイオンの同定を行うことも可能である．

2 エレクトロフェログラム

　電気泳動を記録したものを**エレクトロフェログラム**という．図9-10はその一例であり，各種の無機陰イオンを分離同定したものである．

　同定は，次の原理で行う．各標準試料，たとえばBr^-だけの単独試料を電気泳動し，その泳動時間を測定する．次に未知試料を電気泳動して成分に分離し，その中にBr^-の標準試料と同じ泳動時間を持つピークがあった場合には，Br^-が含まれている可能性が高いということになる．

　確認のためには，未知試料にBr^-の標準試料を少量混ぜたものを電気泳動し，Br^-の泳動時間を持つピークが分裂しない（2つが異なるものではない）ことを確かめる必要がある．

電気泳動の原理

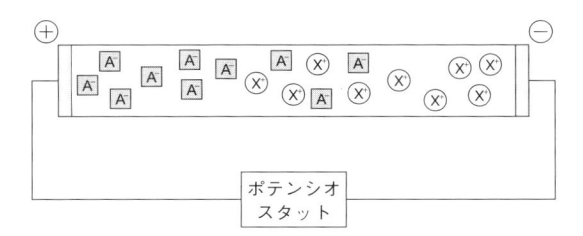

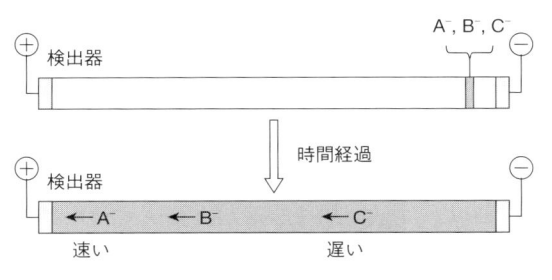

図 9-9

エレクトロフェログラム

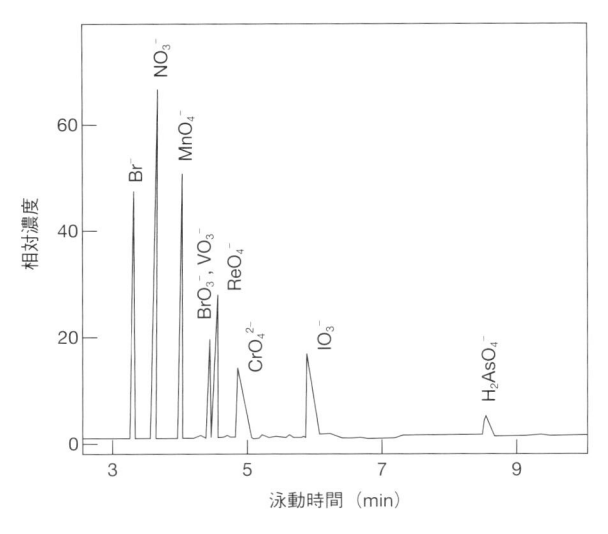

図 9-10

column 染料

　染色は高度に化学的な作業である．染色とはただ単に繊維に色を付けることではない．白いハンカチに水彩絵の具で絵を描けば美しい（とはかぎらないが）模様入りハンカチになる．しかし，オトイレの後，このハンカチで手をふいたら悲惨である．手は色だらけ，ハンカチの模様は崩れてしまう．これは染色とはいわない．

　染色とは，洗っても落ちないような堅牢な着色のことである．すなわち色素が繊維から離れないような着色のことである．繊維から離れないようにするのに一番確実な方法は，繊維分子に色素分子を共有結合させればよい．このような色素もあるが，例は少ない．

　簡単で，よく用いられるのが媒染法である．これはキレートを用いるものである．植物を水で煮ると可溶性の色素が抽出される．この抽出液に繊維を浸せば繊維の間隙に色素が染み込み，着色される．しかし，可溶性の色素は繊維を洗えば落ちてしまう．そこでこの色素の染み込んだ繊維を明礬溶液に浸すのである．明礬溶液にはアルミニウムイオン Al^{3+} が含まれる．このイオンと水溶性色素がキレートをつくり，水に不溶になるのである．下図に銅イオン Cu^{2+} を用いた例を示した．

　東京都八丈島の黄八丈の黒いしまの部分や，福岡大島の大島紬は泥染めといわれ，染めた布を田んぼの泥の中に浸け込む．なんとも思い切った染色法であるが，これは泥の中の鉄イオンを用いてキレートを作っているのである．昔の人の化学知識は相当なものであることの実証である．

第IV部 分離・精製と機器分析

10章 抽出・蒸留・再結晶

　これまでは主に，水溶液中の無機イオンの分析法について見てきた．有機物の分析では，ある出発物質から化学反応により生成した化合物の分析を主に行う．しかし，多くの化学反応では生成物が単一であるとはかぎらない．また，目的とする生成物以外にも複数種類の化合物が同時に生成する．それに加え反応後の反応混合物は，未反応の出発物質も混ざっているので，多くの化学物質の混合物となる．

　化学反応を解析するためには，生成物の構造とその量を明らかにする必要がある．そのためには，反応混合物の中に存在する各種の化学物質を分離する必要がある．このように，化学物質の分離は化学実験にとって必須の基礎的な操作であるが，一般に分離は困難なことが多い．そのため，多くの実験では分離操作に要する時間は，反応に要する時間の何倍にも達する．

　分析化学の重要な分野に，この化学物質の分離・精製操作がある．分離・精製操作には大きく分けて，抽出，蒸留，再結晶，各種のクロマトグラフィーなどがある．クロマトグラフィーは次章で詳しく見ることにして，本章では抽出と蒸留，再結晶について見ていくことにしよう．

第1節 抽出

　抽出は，化学物質の，各種の溶媒に対する溶解度の違いを用いて分離するものである．水には溶けるが，油（有機溶媒）には溶けない性質の物質Aと，反対に水には溶けないが，油には溶ける物質Bの混合物があったとしよう．この混合物を水と油の混合液の中で撹拌すると，Aは水に溶け，Bは油に溶ける．混合液を放置すると，水相と油相は比重の違いによって2相に分離する．

　図10-1は，この分離操作を，実験器具である分液漏斗を用いて行った様子を示したものである．油相として，水より比重の小さいベンゼンを用いれば，Bを溶かしたベンゼン相と，Aを溶かした水相は，図に示したようにベンゼン相を上に，水相を下にして2相に分かれる．

　コックを開いて水相を容器に取り，その後，上の口よりベンゼン相を別の容器に取れば，AとBはそれぞれの容器に分離されたことになる．

抽出・蒸留・再結晶

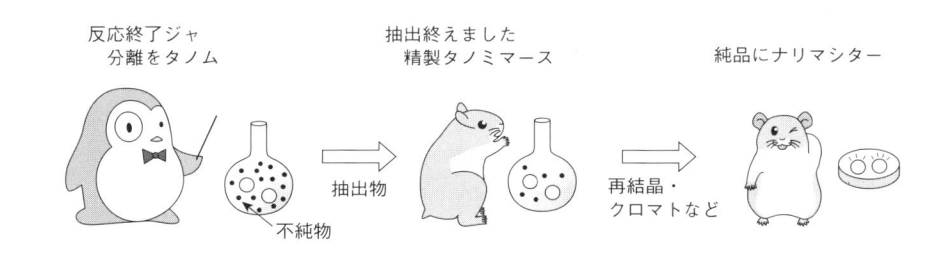

反応終了ジャ
分離をタノム

抽出物 → 不純物

抽出終えました
精製タノミマース

再結晶・
クロマトなど

純品にナリマシター

抽出

□：水溶性
●：油溶性

混合物

油（ベンゼン）相
水相

撹拌
放置

ベンゼン相
水相

ベンゼン相
水相

ベンゼン相

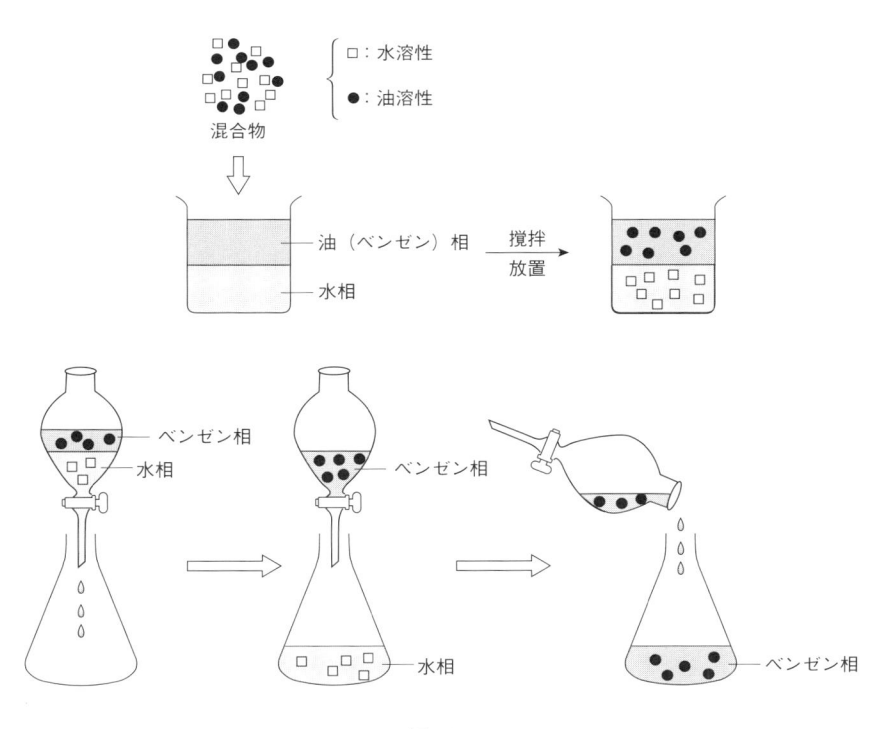

図 10-1

第2節 溶媒抽出

ある物質 A をよく溶かす溶媒 B と，まったく溶かさない溶媒 C を用いて抽出を行えば，物質 A のすべては溶媒 B のほうにいくであろう．しかし，多くの物質は多かれ少なかれ，ほとんどすべての溶媒に溶ける．

1 分配係数

水にも有機溶媒にも溶ける物質の抽出を考えてみよう．水相に溶けている物質 A を，有機溶媒を用いて抽出するとしよう．

実験操作は図 10-2 に示したとおりである．分液漏斗に，A を溶かした水相と有機溶媒を入れ，よく振った後に放置する．水相①をビーカーに移し，有機相①を別のビーカーに移す．このとき，水相に残った A の濃度と，有機相での A の濃度の比（式 1）を**分配係数 D** という．

2 繰り返し抽出

空になった分液漏斗に水相①を戻し，新しい有機溶媒を入れてよく振る．放置してできた水相を②，有機相を②とする．水相②と有機相②を分離した後，水相②を再び分液漏斗に移して新たな有機溶媒を用いて抽出する．

このような操作を繰り返すと，水相中の物質 A は有機相に移動して，だんだん少なくなっていく．

このような抽出操作を n 回繰り返した後に，水相に残っている物質の量 W_n は式 2 で表されることがわかる．当然のことながら，抽出を繰り返せば繰り返すほど，水相の物質量は少なくなる．

---

column　式を導いてみよう

式 2 を式 1 から導いてみよう．式 1 を水の体積 $V_水$，有機相の体積 $V_有$，初めにあった物質の量 W，水相に残った物質の量 $W_水$ を用いて表すと式 C1 となる．式 C1 を変形すると式 C2 となり，さらに式 C3 となる．式 C3 を整理すると式 C4 となり，さらに式 C5 となる．このような操作を n 回繰り返すと式 2 となる．

分配係数

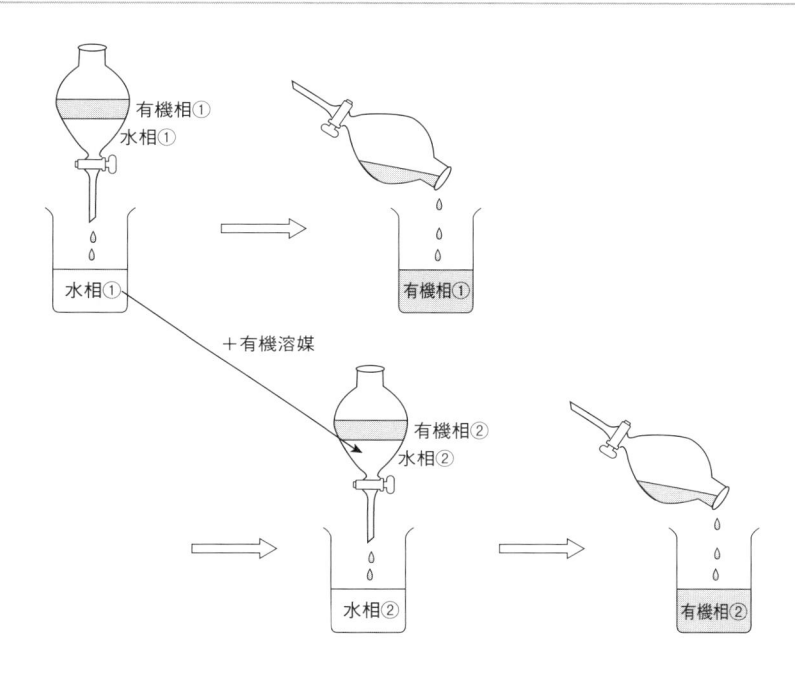

図 10-2

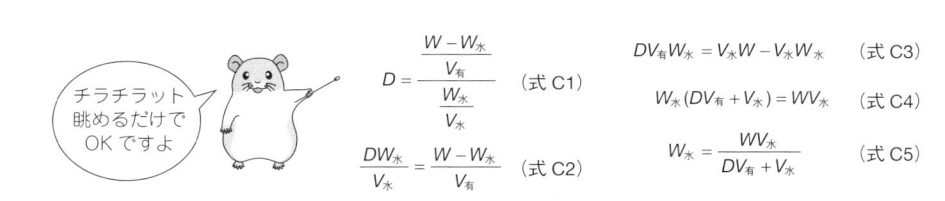

$$\text{分配係数 } D = \frac{\text{有機相での濃度}}{\text{水相での濃度}} \quad \text{(式1)}$$

$$\text{水相に残っている溶質の質量 } W_n = W\left(\frac{V_\text{水}}{DV_\text{有} + V_\text{水}}\right)^n \quad \text{(式2)}$$

チラチラット眺めるだけでOKですよ

$$D = \frac{\frac{W - W_\text{水}}{V_\text{有}}}{\frac{W_\text{水}}{V_\text{水}}} \quad \text{(式C1)}$$

$$\frac{DW_\text{水}}{V_\text{水}} = \frac{W - W_\text{水}}{V_\text{有}} \quad \text{(式C2)}$$

$$DV_\text{有}W_\text{水} = V_\text{水}W - V_\text{水}W_\text{水} \quad \text{(式C3)}$$

$$W_\text{水}(DV_\text{有} + V_\text{水}) = WV_\text{水} \quad \text{(式C4)}$$

$$W_\text{水} = \frac{WV_\text{水}}{DV_\text{有} + V_\text{水}} \quad \text{(式C5)}$$

第3節 相図

物質には気体の気相，液体の液相，結晶の固相の三相がある．この三相と温度，圧力，混合比などの関係を表したものを相図という．

1 水の相図

図 10-3 は水の相図であり，水蒸気（気相），水（液相），氷（固相）の三つの状態と圧力，温度の関係を表したものである．曲線で囲まれた各領域では，水は図に示した相で存在する．一方，領域を分ける線分上では，水は両方の相で存在することを意味する．すなわち，線分 ac 上では，水は液体の水と水蒸気の両状態で存在することになる．これはつまり沸騰状態であり，線分 ac は水の沸点を表している．図より 1 気圧の水の沸点は 100 ℃ であることがわかる．同様に，線分 ab は融点，線分 ad は昇華点を表す．

点 a は氷，水，水蒸気が共存する状態，すなわち氷が存在する沸騰状態である．点 a を**三重点**という．**点 c は臨界点と呼ばれ，これより高温，高圧となると，水は気体のように激しい分子運動をしながらも，液体のような粘度を持つなど，特殊な性質を示すことが知られている．このような状態を超臨界状態**という．

2 混合溶液の沸点

図 10-4 は沸点の低い液体 A と高い液体 B の混合物の，混合比と温度の関係を表したものである．

組成 a の混合液を丸底フラスコに入れて加熱すると，温度 T_1 に達したところで沸騰が起こる．このときの気体の組成は b であり，混合液の組成よりも A の割合が高くなっている．この気体が蒸留塔の上のほうへいくと温度は下がり T_2 となり，気体の組成は c となって，さらに A の割合が高くなる．

気体がさらに蒸留塔の上のほうへいき，温度が T_3（組成 d），T_4（組成 e）となるにつれて，気体の組成は A に近づき，最終的には純粋な A となる．この気体が側管に入って冷却されると，純粋な液体 A が三角フラスコに溜まることになる．

以上が蒸留の原理である．したがって，蒸留にとって蒸留塔の長さと構造が分離に大きく影響することになる．

水の相図

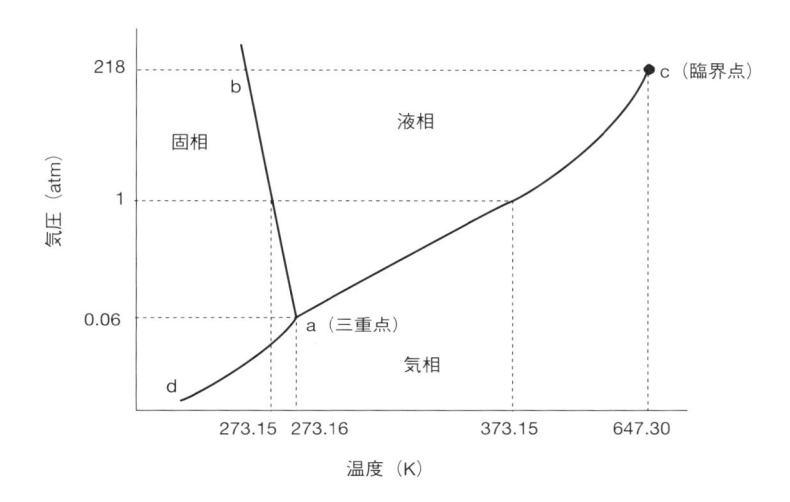

図 10-3

混合液の沸点

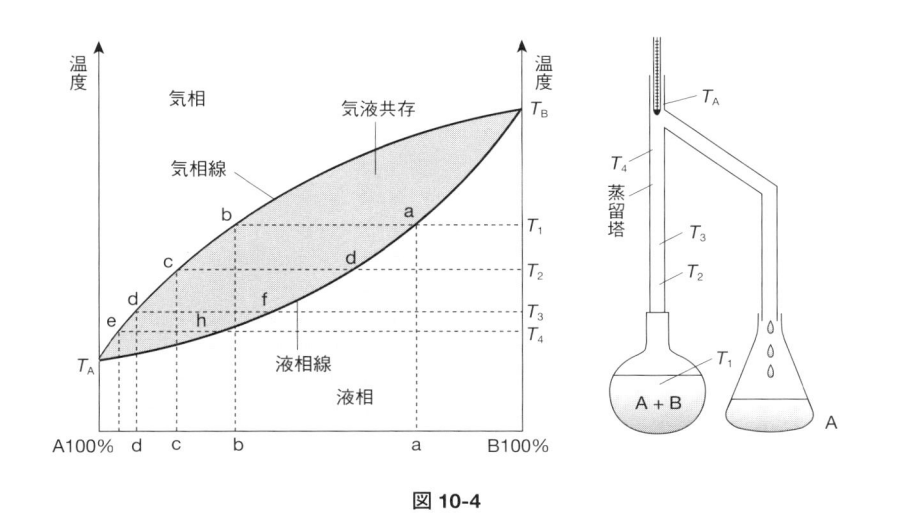

図 10-4

第3節◆相図

第4節 蒸留

液体の混合物を，それぞれの液体の沸点の違いを利用して分離することを蒸留という．

1 蒸留装置

図 10-5 に示したのは，基本的な蒸留装置である．丸底フラスコ，蒸留塔，冷却器が主な器具である．蒸留塔は基本的に側管を付けたガラス管である．冷却器はガラス管の外側を水の入るガラス管で覆ったものであり，水は常に冷たい状態となるように，水道につないで流し続ける．

2 蒸留

沸点の低い液体 A と，沸点の高い液体 B の混合物を分離することを考えてみよう．

丸底フラスコに分離したい混合溶液と沸騰石を入れる．丸底フラスコに，蒸留塔，温度計，冷却器を図に示したように接合し，冷却器には水を流す．丸底フラスコを加熱すると混合溶液は沸騰し，フラスコ内は蒸気で満たされる．このときの蒸気の成分は，沸点の低い A が過剰になっている．

加熱を続けるとフラスコ内の蒸気は蒸留塔を昇っていく．このとき沸点の低い A の蒸気が先頭に立つ．蒸気が蒸留塔の側管に達すると，蒸気は冷却器に入っていき，冷却されて液体 A になる．このときの温度計が示す蒸気の温度が A の沸点である．A は冷却器を流れ落ち，エルレンマイヤーフラスコ（三角フラスコ）に溜まる．しばらくの間は，蒸気の温度は一定のままで純粋な A が三角フラスコに溜まる．

さらに加熱を続けると，蒸気の温度が上昇するので，三角フラスコを別のものに変える．このとき三角フラスコに溜まるのは A と B の混合液である．さらに加熱すると蒸気の温度は上がり，やがて再び一定となる．この温度は液体 B の沸点である．ここで，再度三角フラスコを別のものに換える．今度溜まる液体は純粋な B である．

この操作によって混合溶液は，純粋な A，純粋な B，そして，少量の混合溶液に分離されたことになる．

蒸留の装置図

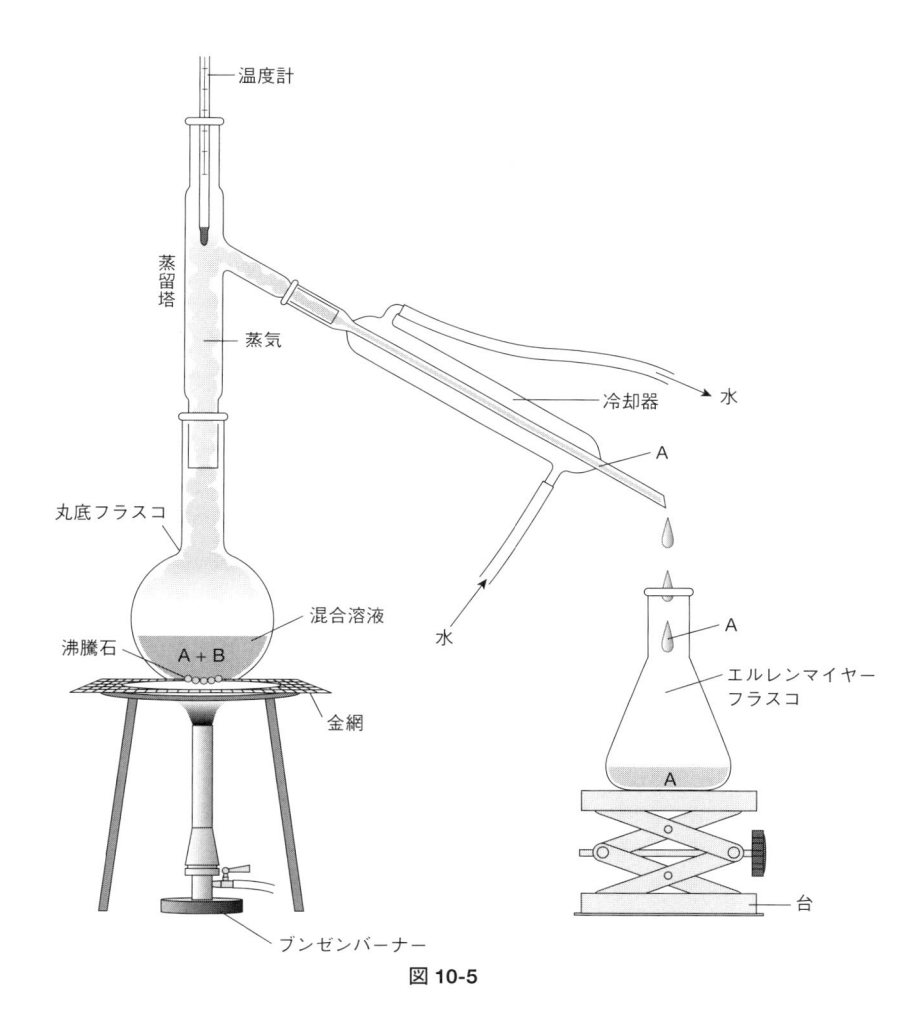

- 温度計
- 蒸留塔
- 蒸気
- 冷却器
- 水
- A
- 丸底フラスコ
- 混合溶液
- 沸騰石
- A + B
- 金網
- 水
- A
- エルレンマイヤーフラスコ
- 台
- ブンゼンバーナー

図 10-5

ワシも昔はよく実験したモノジャ

ナツカシイノー

第5節 共沸

第3節，前節の例は，混合液をその成分の純粋液体に分離した例である．しかし，純粋液体に分離できない例もある．

1 沸点に極小がある例

図 10-6 は水とベンゼンの混合物の相図，すなわち，ベンゼンと水の混合比と沸点の関係を表したものである．沸点を表す線は下に凸となり，組成 X で極小値をとる．この図で組成領域Ⅰにおける曲線を見ると，第 3 節の図 10-4 と似ていることがわかる．

すなわち，組成 a の混合液を加熱すると，温度 T_1 で沸騰が起こる．その後は前節と同様に推移する．その結果，液体として得られるのはベンゼンでも水でもない．組成 X の混合液である．すなわち，このような混合液はベンゼンと水に分けることは不可能であり，ベンゼンと組成 X の混合液に分けることができるだけである．**組成 X の混合液を特に共沸混合物という．共沸混合物が沸騰する現象を共沸という．**同様に，組成領域Ⅱの混合液も，水と共沸混合物に分けることができるだけである．

2 沸点に極大がある例

図 10-7 はクロロホルムとアセトンの混合液の相図である．沸点に極大値がある．この図でも，組成領域Ⅳにおける曲線は第3節第2項の図と相似である．したがって，組成 a の混合液を蒸留すると，アセトンと共沸混合物に分離することができる．

---

column　試料の脱水

試料に少量の水が混入した場合，共沸を利用すると簡単に除くことができる．すなわち，水の入った試料にベンゼンを加え，そこからベンゼンを蒸発させるのである．すると，ベンゼンとの共沸によって，水を沸点である 100 ℃以下の温度で蒸発させることができる．高温で分解しやすい試料の脱水には便利な方法である．

極小がある場合

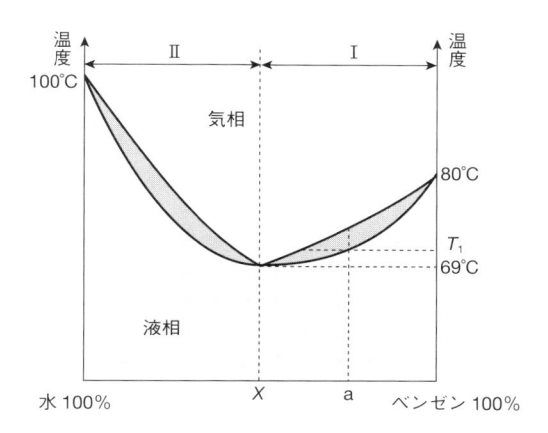

図 10-6

ベンゼンと水の混合物はベンゼンより低い温度で沸騰します

極大がある場合

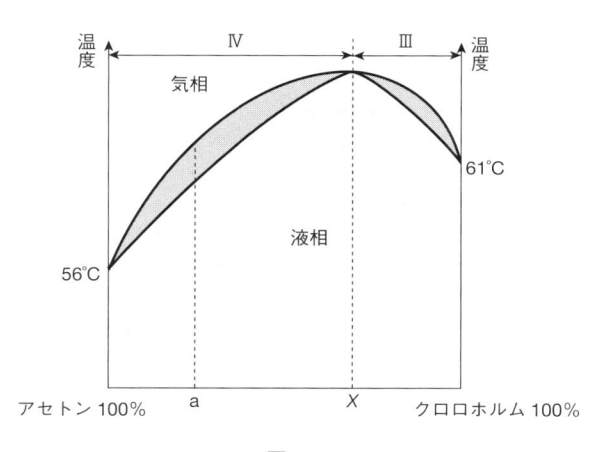

図 10-7

第6節 再結晶

2種類以上の化合物の混ざった結晶試料を各々の成分に分離するときに用いる手法が再結晶である．

1 原理

大量の試料Aと少量の試料Bからなる混合物の結晶を適当な溶媒に溶かして溶液とする．この溶液中のAとBの濃度を比較すれば，Aの濃度のほうが高い．したがって，この溶液から再び結晶を析出させれば，濃度の低いBは溶けたままであり，濃度の高いAだけが結晶として析出する．

2 方法

大量の試料Aと少量の試料Bからなる混合物の結晶を適当な溶媒で加熱溶解する．その後，放置すると再び結晶が析出する．この結晶をろ過して結晶①とろ液①に分離する．結晶①にはAが多く含まれ，ろ液①にはBが多く含まれる．

結晶①を再度再結晶し，結晶②とろ液②に分離すれば結晶②の中のAの純度は結晶①より上がっている．このような操作を繰り返せば，純粋なAを結晶として取り出すことができる．

一方，ろ液①を濃縮して結晶化させ，結晶③とろ液③に分離すれば結晶③はAかBである．もし結晶がBならばそれを再結晶して純粋なBを得る．しかし，もし結晶がAならば，ろ液③を濃縮して結晶化させ結晶④とろ液④に分離する．このような操作を繰り返せば，いつかBが結晶化してくる．

3 融点

得られた結晶の純度を見るには融点を測定するのが簡単かつ便利である．融点を測定する際には，時間当たりの温度上昇が一定となるよう結晶を加熱していく．純粋な結晶は融点に達すると一瞬で溶ける．しかし，不純物を含む結晶は融点より低い温度で溶け始め，その後ある温度範囲にわたって融け続ける．

一般に融点が 0.5 ℃ の範囲に収まっていればその結晶は実用上純粋であるとみなしてよい．

再結晶の原理

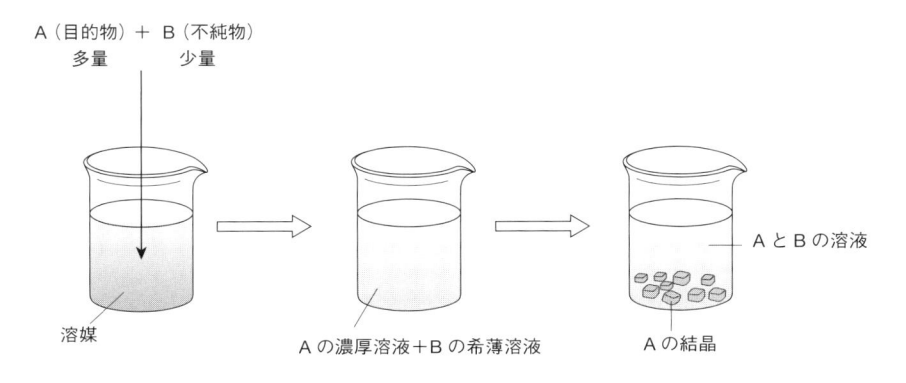

A（目的物）＋ B（不純物）
多量　　　　少量

溶媒　→　Aの濃厚溶液＋Bの希薄溶液　→　AとBの溶液／Aの結晶

図 10-8

再結晶の方法例

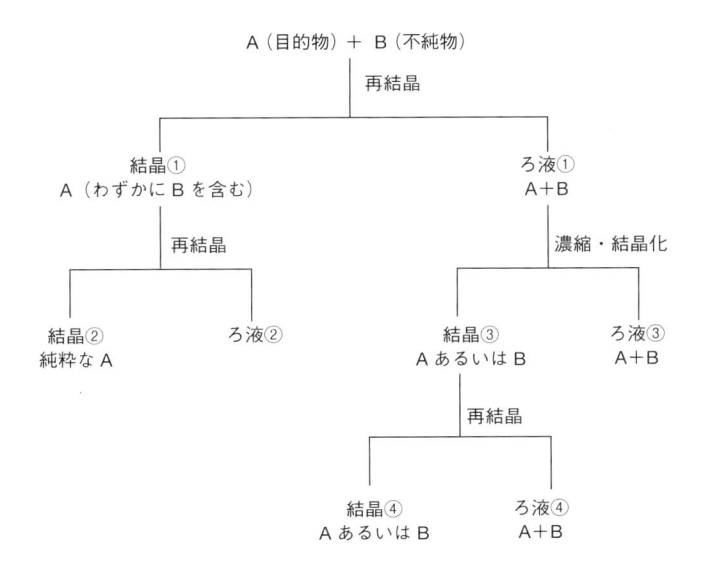

A（目的物）＋ B（不純物）
　　　│
　　再結晶
　　　│
　┌───┴───┐
結晶①　　　　ろ液①
A（わずかにBを含む）　A＋B
　│　　　　　　│
再結晶　　　濃縮・結晶化
　│　　　　　　│
┌─┴─┐　　┌─┴─┐
結晶②　ろ液②　結晶③　ろ液③
純粋なA　　　AあるいはB　A＋B
　　　　　　　│
　　　　　再結晶
　　　　　　　│
　　　　　┌─┴─┐
　　　　結晶④　ろ液④
　　　　AあるいはB　A＋B

図 10-9

11章 クロマトグラフィー

　物質にはほかの物質に吸着するという性質がある．この吸着という能力は，吸着する物質と吸着される物質との関係によって異なる．この吸着能力に基づいて混合物を分離する手法を**クロマトグラフィー**（chromatography）という．分離しようとする混合物を吸着する物質を**吸着剤**という．

　吸着剤にはペーパー（ろ紙），シリカゲル（SiO_2），アルミナ（Al_2O_3）や，各種イオン交換樹脂など，さまざまなものが用いられる．クロマトグラフィーは，現代化学が用いる分離手段として最も優れたものの一つであろう．分離の精度は各種分離手段の中でも高い．

　クロマトグラフィーのもう一つの特徴はその機械化であろう．試料を気体として分離するガスクロマトグラフィー（GC），溶液として分離する液体クロマトグラフィー（LC）などがその一例である．

　いまや現代化学実験は，クロマトグラフィーの技術なくしては成り立たないまでになっている．

第1節 ペーパークロマトグラフィー

　吸着剤としてろ紙を用いたクロマトグラフィーが**ペーパークロマトグラフィー**である．

　実際の操作は次のとおりである．適当な大きさに切ったろ紙の短冊の下方に，混合試料を吸着させる．短冊を円筒形の容器に入れ，試料の吸着点の下まで適当な溶媒を入れ，蓋をする．

　時間の経過とともに，溶媒はろ紙上を毛細管現象によって上昇していく．それにつれて試料もろ紙上を上昇する．しかし，混合試料を構成するそれぞれの物質によって，ろ紙に吸着する能力に違いがある．そのため，ろ紙上を上昇する速度に差が出てくる．

　適当な時間が経った後には，ろ紙上にはいくつかのスポットが現れる．それぞれのスポットが混合液の構成成分に相当することになる．ペーパークロマトグラフィーは単純な操作であるが，クロマトグラフィーの原点となるものである．

クロマトグラフィー

ペーパークロマトグラフィー

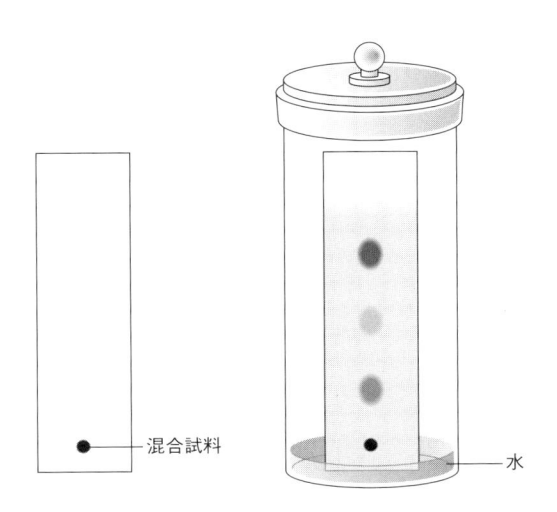

図 11-1

第2節 カラムクロマトグラフィー

カラムクロマトグラフィーは，クロマトグラフィーの基本である．ガスクロマトグラフィー，液体クロマトグラフィーなどはカラムクロマトグラフィーの変形と考えることができる．カラムクロマトグラフィーの"カラム"は筒の意味である．カラムクロマトグラフィーは，吸着剤をカラムにつめて用いるクロマトグラフィーである．

1 操作

図11-2はカラムクロマトグラフィーの基本的操作を示したものである．

ガラス製クロマトカラムの底部に脱脂綿などを置き，その上に，分離に用いる吸着剤を置く．吸着剤にはアルミナやシリカゲルなどが用いられる．分離したい混合物は適当な溶媒に溶かして溶液とし，吸着層の最上部に静かに落として吸着させる．これで準備完了である．

カラムの上部に適当な溶媒（展開溶媒）を注ぎ，下部のコックを開く．溶媒は試料，吸着層を通過してフラスコ1に達する．溶媒は次々と足し続け，フラスコに一定量が溜まったら，次のフラスコに交換する．この際，溶媒の通過につれて試料も吸着層を通過して下部に移動する．しかし，試料を構成する成分によって吸着剤に吸着する程度が異なるため，成分A，B，Cが分離される．さらに溶媒を通過させ続けると，最初の成分Aが溶媒とともにフラスコmに達する．

一定量の溶媒が溜まるごとにフラスコを変えていく．成分Aが出終わると，続いて次の成分Bがフラスコnに達する．

2 分離

各フラスコに溜まった流出液は濃縮し，溶媒を除いて試料成分だけにする．図11-3は，上の操作によって流出液を溜めたフラスコの番号と，試料の重量との関係である．

最初のフラスコ，No.1～No.4には試料成分は含まれていない．No.5になって少量のAが現れ，No.7で最大になった後，減少する．その後Bが現れ，最大を迎えた後，減少する．

このようにして，成分A，B，Cを分離することができる．

第11章◆クロマトグラフィー

カラムクロマトグラフィーの操作

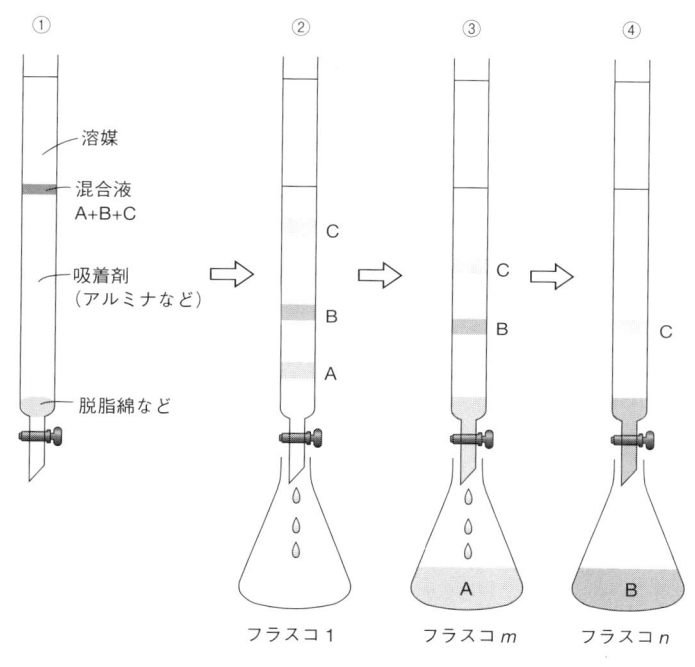

図 11-2

カラムクロマトグラフィーによる分離例

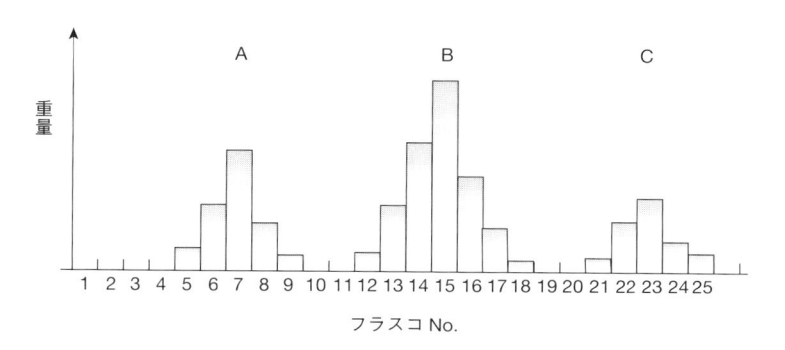

図 11-3

第3節 ガスクロマトグラフィー

　ガスクロマトグラフィーは，前節で用いた液体試料を気体とし，展開溶媒の代わりに気体を用いたものである．主に有機物の分析に用いられる．

1 原理

　図 11-4 はガスクロマトグラフィーの模式図である．らせん状（いろいろな形態がある）のカラムには吸着剤がつめてある．カラムは電気オーブンに入れられ，適当な温度（室温〜 300 ℃ 程度）に加熱される．カラムには片方（図の上部）から窒素，ヘリウムなどの搬送気体が流され続けており，気体はカラムを通った後，検出器を通って空気中に放出される．

　試料は適当な溶媒に溶かして溶液とし，**加熱された試料室に注射器（シリンジ）によって注入する．注入された溶液は直ちに気化し，搬送気体によってカラムに送られ，カラムを通って検出器に達する．この間に試料は，カラム内の吸着剤に対する吸着能力の違いによって，各成分に分離される．**

2 検出器

　検出器に送られた搬送気体は，試料を含むかどうか検査される．そのための手段はいくつかあるが，大きく分けると，試料を燃焼して調べるものと，そのままの状態で調べるものの二通りがある．

　試料を燃焼して調べるものは，燃焼することにより生じる，炭素原子数に比例したイオン電流を測定するものである．それに対して，そのままの状態で調べるものは，搬送気体の熱伝導度の変化によって試料の濃度を測定する．どちらの方法にしろ，検出器で試料の濃度を直接的に測定することはできない．一般に，燃焼タイプのほうが，検出感度が高い．

3 分離

　図 11-5 は，ガスクロマトグラフィーによる分離例である．横軸は時間であり，**保持時間と呼ばれる．試料を注入してから，検出されるまでの時間を表す．温度，吸着剤，搬送気体の流速などの測定条件が一定であれば，同じ試料は同じ保持時間を示す．このことから，ある程度の試料の同定が可能である．**

ガスクロマトグラフィーの原理

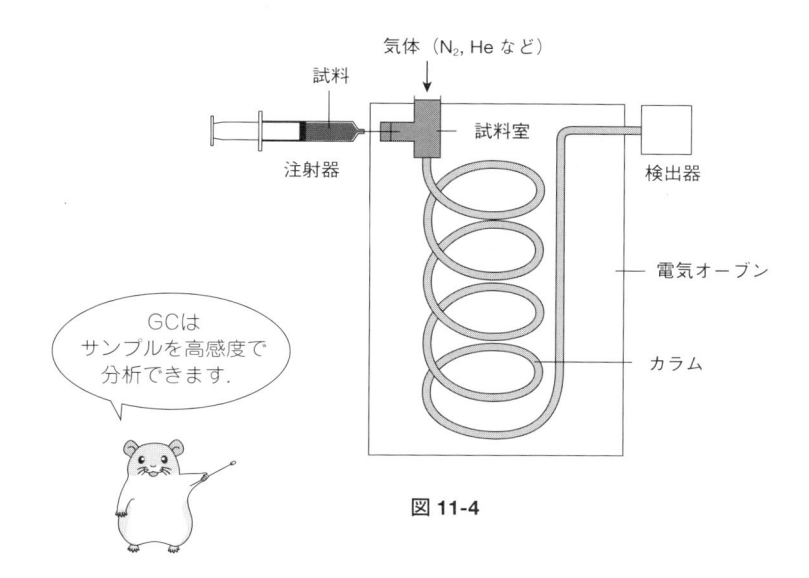

図 11-4

GCはサンプルを高感度で分析できます．

ガスクロマトグラフィーによる分離例

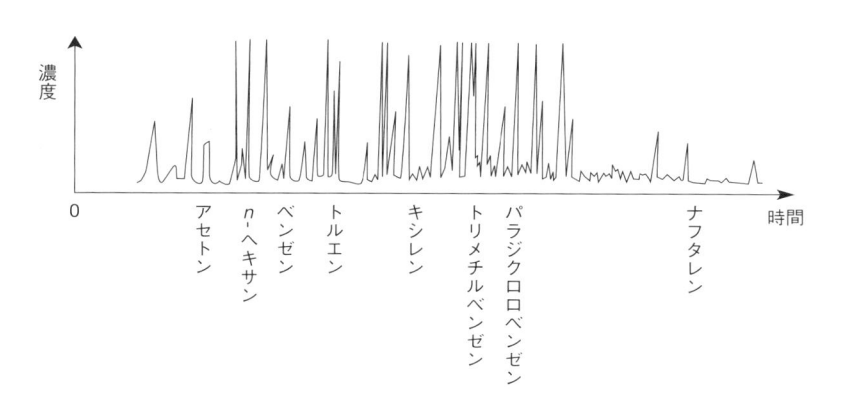

［花井義道ほか，横浜国立大学環境研究所紀要，22，1（1996）］

図 11-5

第4節 液体クロマトグラフィー

　移動相として液体を用いるクロマトグラフィーを液体クロマトグラフィー（LC）といい，第2節で見たカラムクロマトグラフィーもこれに含まれる。なかでも，溶媒に高圧をかけてカラムを通過させ，分離を迅速に行うことができるものを高速液体クロマトグラフィー（HPLC）という．

1 原理

　図11-6は高速液体クロマトグラフィーの原理である．基本的にガスクロマトグラフィーと同じである．ただし，カラムを加熱する電気オーブンがなく，代わりに展開溶媒を加圧するポンプがある．

　試料はシリンジによってカラムに送られ，展開溶媒によって吸着層を通過し，検出器に送られる．検出器では，展開溶媒の屈折率や紫外光や可視光，赤外光に対する吸光度（第12章参照）などを測定して，試料の有無を検出する．

2 分離

　図11-7は高速液体クロマトグラフィーによる分離の例である．横軸は保持時間である．7種類の物質が混ざった試料であるが，シャープに分離されていることがわかる．

　高速液体クロマトグラフィーでは，一度に多量の試料を分離でき，試料を壊すことなく（燃焼したりしない，非破壊分析）分離できるという利点があるので，合成的な精製という目的にも用いることができる．

---

column　カラム

　ガスクロ（ガスクロマトグラフィー）や液クロ（液体クロマトグラフィー）にとってカラムは命である．実際に試料を分離するのはカラムなのである．カラムは何種類もあり，それぞれ分離方法も性能も違う．したがって，カラムは何種類も揃え，試料の性質によってそのカラムを使い分ける必要がある．あるカラムで，よく分離できなかったとしたら，別のカラムで試してみるべきである．そのようにしてうまくいった例はいくらでもある．

高速液体クロマトグラフィーの原理

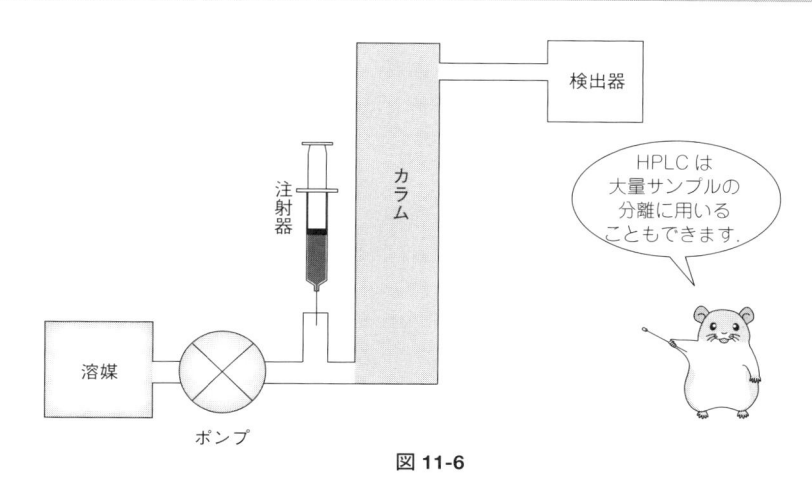

図 11-6

高速液体クロマトグラフィーによる分離例

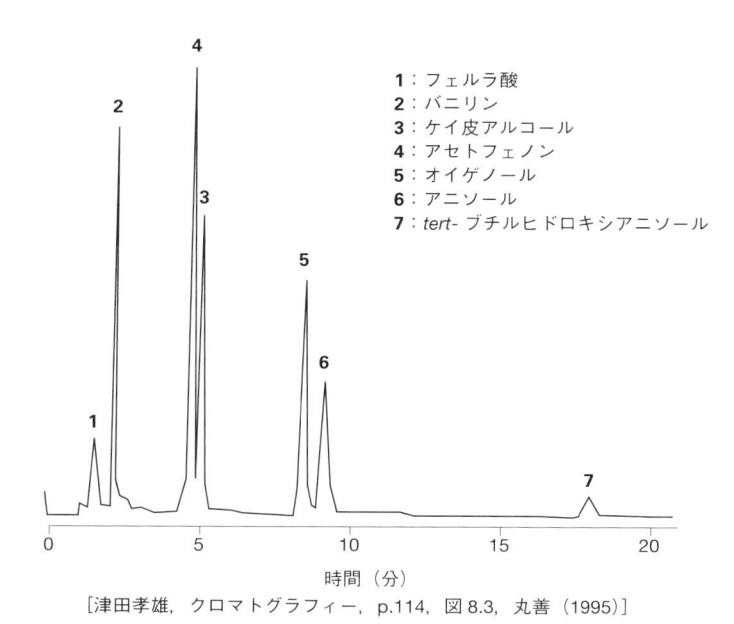

1：フェルラ酸
2：バニリン
3：ケイ皮アルコール
4：アセトフェノン
5：オイゲノール
6：アニソール
7：tert-ブチルヒドロキシアニソール

[津田孝雄，クロマトグラフィー，p.114，図 8.3，丸善（1995）]

図 11-7

第5節 イオン交換クロマトグラフィー

　イオン交換クロマトグラフィーは，多くの場合，分離に用いるものではない．しかし，クロマトグラフィーという名前がついており，分離に用いられるものもあるので，ここで紹介することにしよう．

1 イオン交換樹脂

　イオン性分子 A^+B^- の，片方もしくは両方のイオンを別のイオンに換えるものをイオン交換剤といい，樹脂（高分子，プラスチック）に組み込んだものをイオン交換樹脂という．陽イオン A^+ を別の陽イオン C^+ に換えるものを陽イオン交換樹脂といい，陰イオン B^- を D^- に換えるものを陰イオン交換樹脂という．

　図 11-8 A は陽イオン交換樹脂の例である．樹脂の高分子鎖にスルホン酸基 SO_3H が結合している．ここに陽イオン，たとえば Na^+ がくると，H^+ と Na^+ が交換される．その結果，溶液内には Na^+ がなくなり，代わりに H^+ が入る．

　図 C は陰イオン交換樹脂である．ここに陰イオン，たとえば Cl^- がくると OH^- に交換される．すなわち，溶液内の Cl^- イオンは姿を消し，代わりに OH^- が現れる．

2 イオン交換クロマトグラフィー

　図 11-9 はカラムクロマトグラフィー用のカラムに，陽イオン交換樹脂と陰イオン交換樹脂の両者をつめたものである．ここに海水を注いで，イオン交換樹脂の層を通過させると，海水中の Na^+ イオンは H^+ イオンに，また Cl^- イオンは OH^- イオンに交換される．

　すなわち，海水中の NaCl は姿を消し，H_2O に置き換わる．これは，海水が淡水に変化したことを意味する．イオン交換樹脂は NaCl だけでなく，海水中のほかのイオン，たとえば Ca^{2+}, Mg^{2+}, Br^-, I^- など各種のイオンをそれぞれ H^+, OH^- に交換することができる．

　すべての H^+ イオンが Na^+ に交換されてしまったイオン交換樹脂に酸を作用させれば，Na^+ と H^+ が交換され，陽イオン交換樹脂が再生する．このようにイオン交換樹脂は繰り返し使用することが可能である．

イオン交換クロマトグラフィーの原理

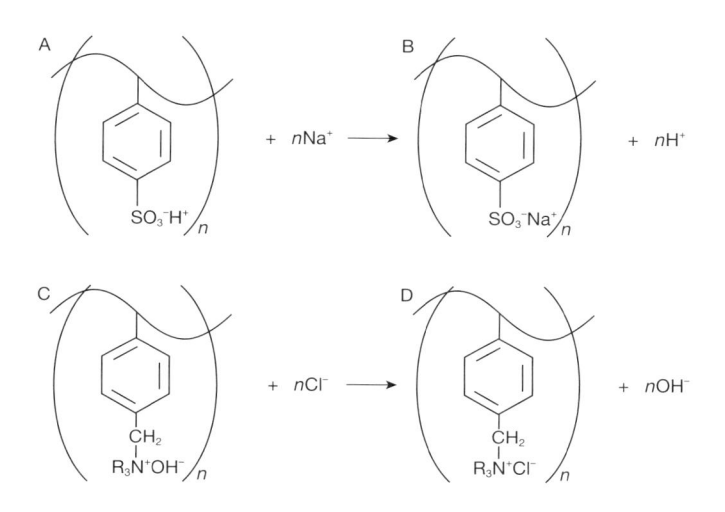

図 11-8

イオン交換クロマトグラフィーによる分離例

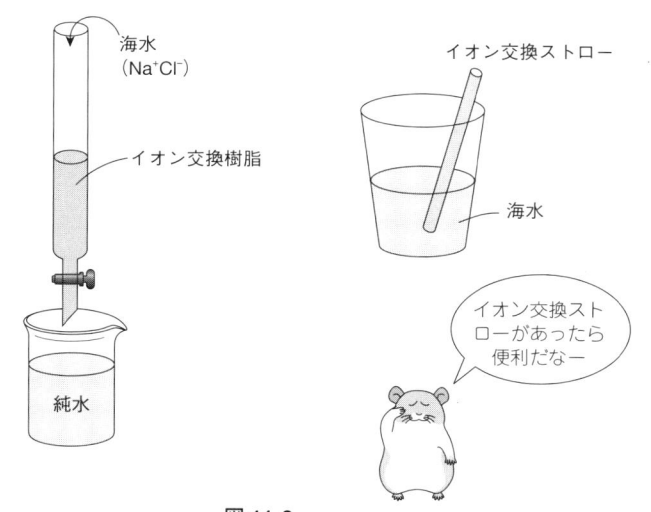

図 11-9

12章 機器分析

　機器分析とは機械を用いて行う分析法の一般名であり，多くの種類がある．機器分析は試料が少なくても高感度，高精度に分析することができ，現代の分析化学にとってなくてはならないものである．

　そのなかでも，スペクトルを用いた分析法は分光分析として重要な一群を構成している．ここでは蛍光分析，赤外・ラマン分析，原子吸光分析を取り上げる．また，核磁気共鳴分光法，分光分析ではないが質量分析法も取り上げる．そのほかのスペクトル，それぞれの詳細については，姉妹書『絶対わかる有機スペクトル解析』を参照していただきたい．

第1節 光とエネルギー

　スペクトル測定では光のエネルギーを用いて原子，分子の同定を行い，物性，反応性を明らかにできる．

1 光のエネルギー

　光は，電波やマイクロ波と同じように電磁波であり，振動数と波長を持っている．**光のエネルギーは振動数 ν（ニュー）に比例し，波長 λ（ラムダ）に反比例する．**振動数と波長の積は光速 c に等しい．

2 電磁波の種類

　電磁波は，波長によって何種類かに分けられている．波長が 400〜800 nm の電磁波は可視光線と呼ばれる．人間は，この波長領域の電磁波だけを光として目で見ることができるのである．可視光線をプリズムで分光すると，虹の七色に相当する光に分かれる．紫のほうが波長は短く，赤のほうが波長は長い．赤よりさらに波長の長い電磁波を赤外線という．それよりさらに長いものは電波である．

　紫より波長の短い電磁波は紫外線と呼ばれる．さらに短いものは X 線，γ（ガンマ）線である．**紫外線は可視光線より高エネルギーであり，さらに X 線は生体に害を与えるほど，γ 線は命を脅かすほど高エネルギーである．**

機器分析

（カタツムリさん オモクナイ？）

光とエネルギー

$$c = \lambda \nu$$
$$E = h\nu = \frac{ch}{\lambda}$$

c：光速
λ：波長
ν：振動数
E：光のエネルギー
h：プランク定数

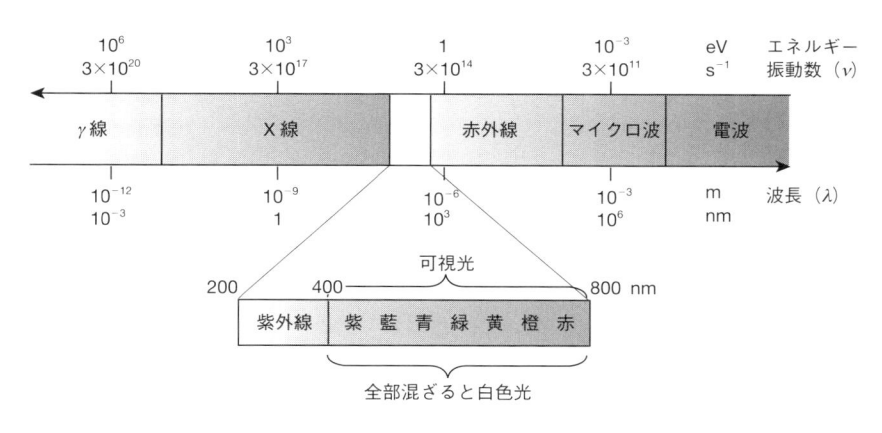

	10^6	10^3	1	10^{-3}	eV	エネルギー
	3×10^{20}	3×10^{17}	3×10^{14}	3×10^{11}	s^{-1}	振動数（ν）
	γ線	X線	赤外線	マイクロ波	電波	
	10^{-12}	10^{-9}	10^{-6}	10^{-3}	m	波長（λ）
	10^{-3}	1	10^3	10^6	nm	

可視光
200 — 400 — 800 nm

| 紫外線 | 紫 藍 青 緑 黄 橙 赤 |

全部混ざると白色光

図 12-1

第2節 紫外可視分光法

　紫外線と可視光線の吸収に基づく分子構造解析を紫外可視分光法 (ultraviolet visible spectroscopy) といい，そのスペクトルを紫外可視吸収スペクトル，UV-vis 吸収スペクトルという．

1 軌道

　原子，分子の電子は，軌道に入る．軌道は高層マンションに例えることができる．分子はこの高層マンションに電子を住まわせているが，各分子に許されたマンションの階数は電子の個数に等しい．したがって，4 個の電子しか持たない分子のマンションは 4 階建てであるが，複雑な構造で 100 個の電子を持つ分子のマンションは 100 階建てである．
　ところが，建築基準のために，マンションの高さは皆同じに決められている．したがって，4 階建てのマンションの天井は高いが，100 階建てのマンションの天井はハムスターのカゴより低くなる．
　各階（軌道）には，電子が 2 個まで住むことができる．電子は低い階が好きなので，下半分の階に集中し，上半分の階は空き部屋となっている．

2 遷移とスペクトル

　電子の入っている軌道のうち，最高エネルギー軌道を HOMO（ホモ）（highest occupied molecular orbital）という．また，電子が入っていない軌道のうち，最低エネルギーの軌道を LUMO（ルモ）（lowest unoccupied molecular orbital）という．
　HOMO に入っている電子に，適当なエネルギーを持った光が照射されると，電子はその光を吸収し，エネルギーを受け取って上の階である LUMO へ遷移する．この様子を測定したものが紫外可視吸収スペクトルである．一般に横軸は光の波長，縦軸は吸収の強さ（吸光度）を表す．最高の吸光度を与える波長を極大吸収波長という．
　反対に，LUMO の電子が HOMO へ遷移すると，それに伴って余分なエネルギーが放出される．このエネルギーが光として放出されると，発光という現象になる．この発光を測定したものが発光スペクトルであり，蛍光スペクトルは発光スペクトルの一種である．

軌道とエネルギー

自由電子のエネルギー

有限の幅

エネルギー

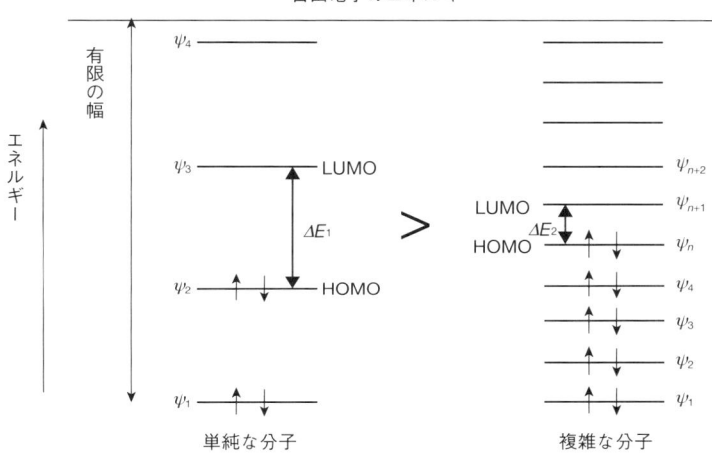

単純な分子: ψ_1, ψ_2 (HOMO), ψ_3 (LUMO), ψ_4, ΔE_1

複雑な分子: $\psi_1, \psi_2, \psi_3, \psi_4, \psi_n$ (HOMO), ψ_{n+1} (LUMO), ψ_{n+2}, ΔE_2

$\Delta E_1 > \Delta E_2$

図 12-2

電子遷移とスペクトル

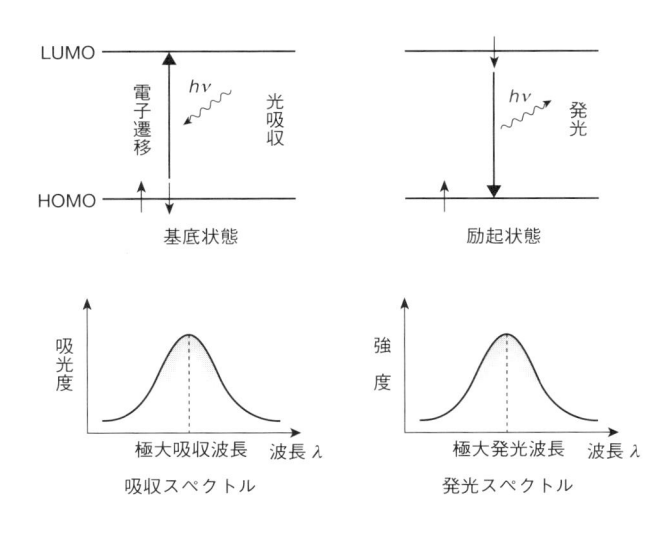

LUMO ← 電子遷移 ← $h\nu$ ← 光吸収
HOMO
基底状態

LUMO → $h\nu$ → 発光
HOMO
励起状態

吸光度 / 極大吸収波長 / 波長 λ
吸収スペクトル

強度 / 極大発光波長 / 波長 λ
発光スペクトル

図 12-3

第3節 スペクトル解析

スペクトルにはいろいろな情報が盛り込まれている．この情報を取り出すことをスペクトル解析という．

1 極大吸収波長

前節第2項で，紫外可視吸収スペクトルとは，電子がHOMOからLUMOへ移動するときのエネルギー関係を表すものであることを見た．また，第1項では，各階の天井の高さは，分子が複雑になって電子が増えるほど低くなることを見た．

以上の関係を総合したものが図12-4である．左側の図は，電子を4個しか持っていない単純な分子の例である．それに対して右側の図の分子は複雑であり，電子を10個も持っている．両者の軌道間のエネルギー差には大きな差がある．これはそのままHOMO-LUMO間のエネルギー差となる．

すなわち，**左側の分子では遷移のために大きなエネルギーを必要とする**．そのため，エネルギーの大きい，つまり，波長の短い光を吸収しなければならない．それに対して右側の分子では，エネルギーの小さい，波長の長い光で十分である．

このような関係を利用すると，スペクトルを解析することによって分子軌道のエネルギー関係を明らかにすることができ，さらには分子の構造を推定することができることになる．

2 吸光度

吸収量の大小を表す数値にモル吸光係数 ε（イプシロン）がある．ε は，図12-5に示した式によって計算される．この式を**ランベルト-ベールの式**という．ここで，A は吸光度，I_0, I はそれぞれ入射光，透過光の強さ，c は溶液の濃度，l は光路長である．光路長とは光の通る道の長さであり，具体的には容器の幅である．A は ε, c, l に比例する．

既知の原子，分子ではモル吸光係数 ε がわかっていることが多い．したがって，**吸光度 A を測定すれば，その溶液の濃度を知ることができる**．スペクトルを簡単に表現するときには，極大吸収波長とそのモル吸光係数のみを示すこともある．

極大吸収波長

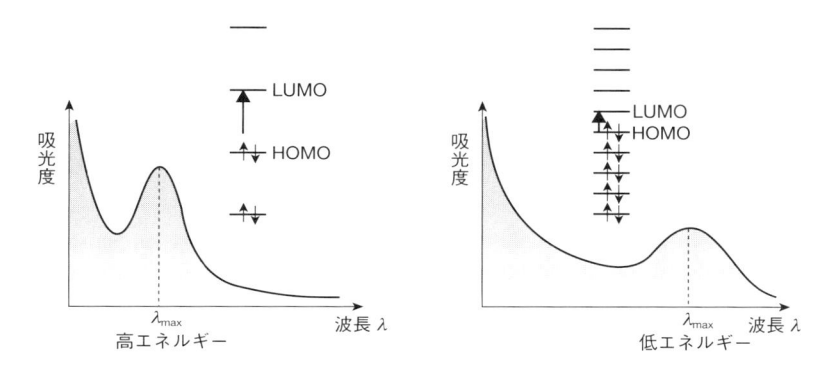

図 12-4

吸光度とモル吸光係数

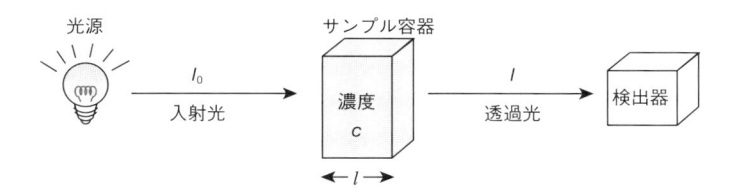

$$A = \log\left(\frac{I_0}{I}\right) = \varepsilon c l$$

A：吸光度
I_0：入射光の強度
I：透過光の強度
c：濃度 (mol/L)
l：光路長 (cm)

吸光度 A は濃度 c に比例します

図 12-5

第4節 蛍光分析・りん光分析

原子，分子の発光現象を利用した分光分析法として，蛍光分析とりん光分析がある．

1 一重項と三重項

HOMO の電子は，光エネルギーを受け取って LUMO へ遷移する．これが光吸収である．光吸収する前の低エネルギー状態を基底状態，光吸収した後の高エネルギー状態を励起状態という．

図 12-6 の A は，基底状態 S_0 の分子が光吸収した結果の励起状態 S_1 である．S_1 の HOMO の電子が 1 個，LUMO へ移動しているが，電子の自転方向を表す矢印の向きは HOMO にいたときのままである．すなわち，**HOMO の電子と逆方向になっている．このような励起状態を一重項励起状態という**．

それに対して図 C の励起状態 T_1 では，**LUMO の電子の矢印の向きが，HOMO の電子と同じ向きになっている．このような励起状態を三重項励起状態という**．一般に三重項励起状態は一重項励起状態より低エネルギーである．

2 蛍光とりん光

LUMO の電子はエネルギーを放出して HOMO へ戻る．このとき光としてエネルギーが放出されたものが発光である．しかし，上で見たように，励起状態には 2 種類ある．これに伴って，発光にも 2 種類あることになる．**図 B のように一重項励起状態から発光するものを蛍光という．それに対して図 C のように，三重項励起状態より発光するものをりん光という**．

図 12-6 D, E, F は，それぞれ光吸収（紫外可視吸収スペクトル），蛍光発光（蛍光スペクトル），りん光発光（りん光スペクトル）に基づくスペクトルの模式図である．各スペクトルの波長帯が，この順序で長波長側へと移動しているのは，各遷移に伴うエネルギー変化量がこの順序で小さくなっていることを反映している．

図 12-7 はアントラセン誘導体の実際のスペクトルである．模式図の傾向をよく反映している．蛍光・りん光スペクトルは，紫外可視吸収スペクトルと同様，濃度測定などに用いられ，感度，選択性に優れている．

一重項と三重項

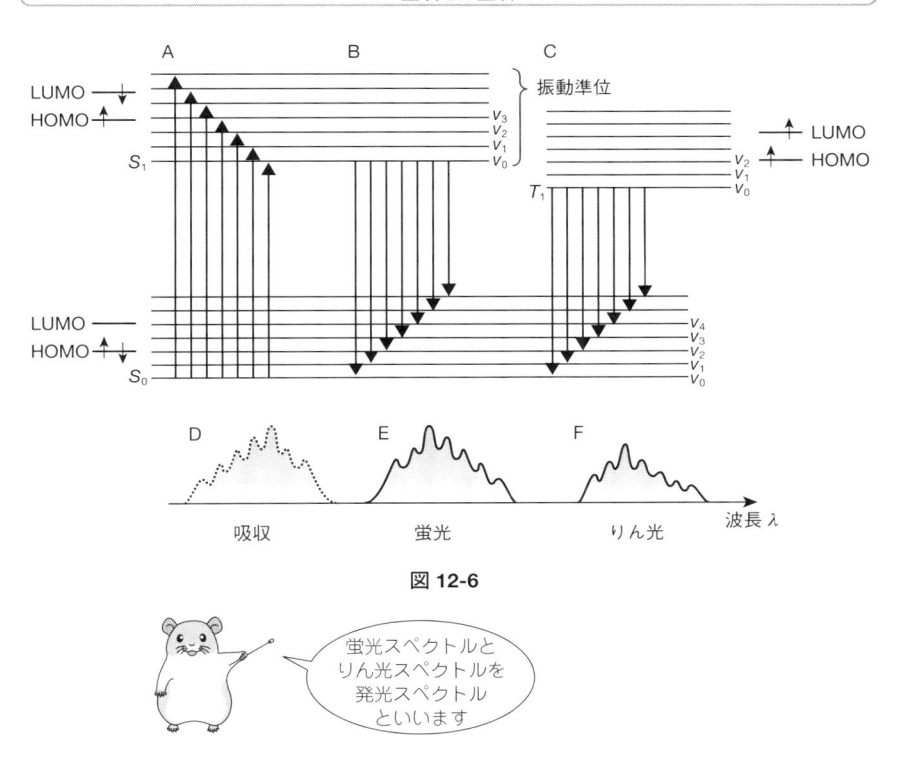

図 12-6

> 蛍光スペクトルとりん光スペクトルを発光スペクトルといいます

吸収, 蛍光, りん光スペクトル

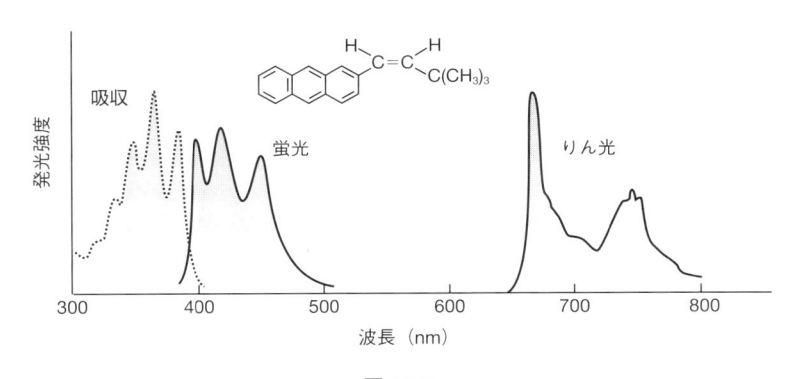

図 12-7

第5節 赤外分光法

　赤外線の吸収に基づき分子構造を解析することを赤外分光法（infrared absorption spectroscopy）といい，そのスペクトルを赤外吸収スペクトル，IR スペクトルという．赤外分光法は，原理的には紫外可視分光法と同じであるが，原子の運動エネルギーを測定するものである．

1 赤外線の吸収

　一般に分子は，多くの原子の結合から成り立っており，各結合は運動する．**結合の運動には，結合距離の伸び縮みに相当する伸縮振動，結合角度の変化に対応する変角振動，回転がある．これらの各運動には，それぞれ特有のエネルギーが必要であり，そのエネルギーは分子のほかの部分には無関係である．**

　このような分子の運動に要するエネルギーは，赤外線の持つエネルギーに相当する．そのため，分子に赤外線を照射すると，分子は赤外線を吸収して，そのエネルギーに相当する運動を行う．IR スペクトルでは波数（cm^{-1}）という単位を用いるが，これは 1 cm の間にいくつの波があるかを示すものである．

2 特性吸収

　もし分子にヒドロキシ基 OH が存在すると，図 12-9 に示したような特有の波数の赤外線を吸収する．しかも，その波数は分子のほかの部分に影響されないので，もしこのような吸収があれば，その分子は OH 基を持つことが明らかとなる．このような，**官能基（反応性がある特徴的な原子団）に特有な吸収を特性吸収という**．特性吸収の主なものを図に示した．

3 スペクトル

　図 12-10 は，IR スペクトルの模式図である．各種官能基の特性吸収の位置と形を表している．1700 cm^{-1} 付近にある大きな吸収はカルボニル基 C=O に特有なものである．また，2200 cm^{-1} に現れる鋭く細い吸収はニトリル基 C≡N に固有のものであり，3200 〜 4000 cm^{-1} にかけて現れる幅広く大きな吸収はヒドロキシ基 OH もしくはアミノ基 NH_2 に特有である．したがって，もし試料の IR スペクトルに，これらの特性吸収の一つに相当する吸収があれば，その官能基が存在する可能性が高いことになる．

振動エネルギー

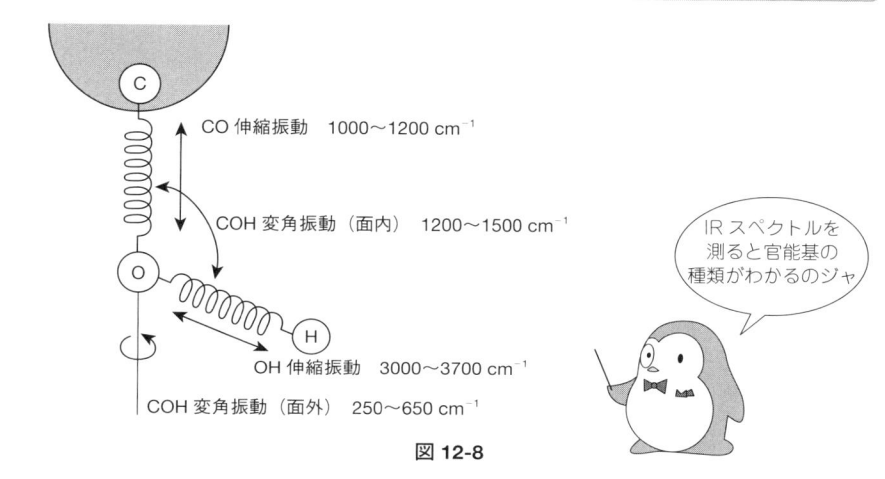

- CO 伸縮振動　1000〜1200 cm^{-1}
- COH 変角振動（面内）　1200〜1500 cm^{-1}
- OH 伸縮振動　3000〜3700 cm^{-1}
- COH 変角振動（面外）　250〜650 cm^{-1}

IRスペクトルを測ると官能基の種類がわかるのジャ

図 12-8

特性吸収

4000　3200　2400　1900　1700　1500　1300　1100　900　700 cm^{-1}

OH	—	C≡C	C=C	CH	C-C
NH	CH	C≡N	C=N	変角	C-O
伸縮	伸縮	伸縮	C=O		C-N
			伸縮		変角

図 12-9

赤外吸収スペクトル

4000　3200　2400　1900　1700　1500　1300　1100　900　700 cm^{-1}

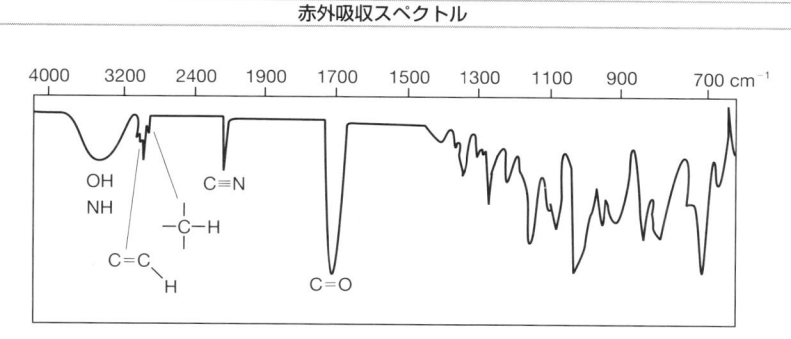

OH, NH
C=C, H
-C-H
C≡N
C=O

図 12-10

第5節◆赤外分光法

第6節 核磁気共鳴分光法

分子を強力な磁場に入れると，分子を構成する原子核のエネルギーに分裂が生じる．この分裂の程度を測定する方法を核磁気共鳴分光法（nuclear magnetic resonance spectroscopy）あるいは NMR という．

1 原理

NMR スペクトルは多くの原子核について測定することができるが，水素原子核（プロトン）に関するものが最も歴史が古く，かつ一般的である．

プロトンはスピンをし，磁気モーメントを持っている．プロトンを強力な外部磁場（多くは超伝導磁石による磁場）に置くと，磁気モーメントの方向を外部磁場に一致させて安定化する α 状態と，反対方向にして不安定化する β 状態に分かれる． この状態のプロトンにエネルギー（ラジオ波程度）を照射し，α, β 間のエネルギー差を測定する．

分子内のプロトンの周りには分子構造に由来する電子が存在する．多くの電子に囲まれたプロトンは外部磁場の影響を受けにくいので，エネルギー分裂も小さくなる．このように，NMR スペクトルは分子の電子状態を反映する．

2 NMR スペクトル

図 12-12 はエタノール CH_3CH_2OH の ^1H NMR スペクトルである．約 1.2, 3.4, 3.7 ppm に 3 組のシグナルが現れている．**階段状の線は各シグナルを積分した面積強度である．^1H NMR ではこの面積強度はプロトンの個数に比例する．** したがって，各シグナルはそれぞれ CH_3, OH, CH_2 のプロトンに由来することがわかる．すなわち，この 3 種類のプロトンはそれぞれ電子的環境（電子密度）が異なることがわかる．

エタノールの異性体，ジメチルエーテル CH_3OCH_3 にはただ 1 種類のプロトンしか存在しない．そのため，^1H NMR スペクトルにはただ 1 本のシグナルしか現れない．

このように，NMR スペクトルは有機化合物の構造決定には万能といってもよいほどの威力を発揮する．しかし，感度が低く，しかも定量性に欠けるところがあるので，微量試料の分析には向かないといえよう．

NMR スペクトルの原理

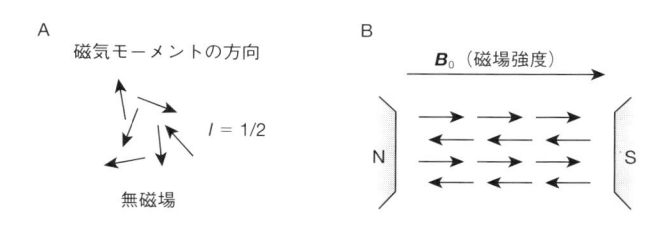

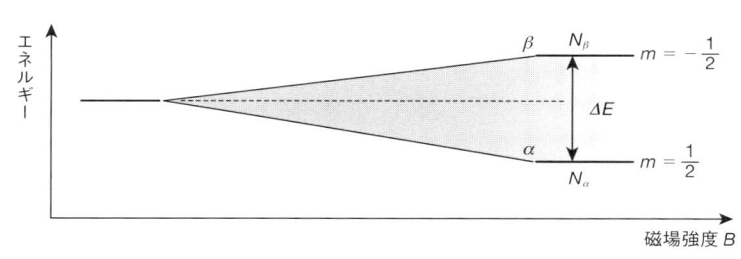

A 磁気モーメントの方向 $I = 1/2$ 無磁場

B B_0（磁場強度） N　　S

図 12-11

^{1}H NMR スペクトル

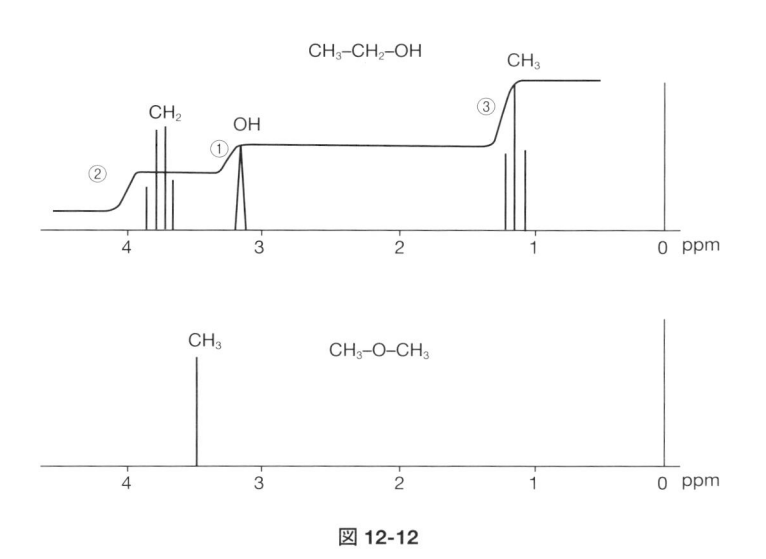

図 12-12

第7節 質量分析法

質量分析法 (mass spectroscopy, MS) とは，その名のとおり，分子の質量を測定する方法である．

1 原理

質量分析法では分子の質量を測定する．イオン化室にある分子 AB に高速電子を衝突させるなどして，分子内の電子を弾き出し，分子イオン AB^+ を生成させる．AB^+ は高エネルギー状態なので，分解して陽イオン A^+，B^+ になり，結局 3 種類の陽イオンが生じる．

マイナスに荷電したフィルムを置き，イオン化室の窓を開けると，陽イオンはフィルムに衝突しフィルムを感光させる．**このとき，イオンの行路に磁場を置くと，イオンの行路は湾曲するが，その程度はイオンの質量に応じて異なる．この原理を応用して各イオンの質量を測定するのが質量分析法であり，得られるスペクトルが質量スペクトル，マススペクトル (mass spectra) である．**

イオンの電荷数が +1 ではなく +2 となった場合は，湾曲の度合いは倍になる．

2 マススペクトル

図 12-14 はマススペクトルの一例である．横軸はイオンの式量 m を電荷 z で割った質量電荷比 m/z である．縦軸はピークの相対的な大きさであり，イオンの個数に対応する．

上のケースにおいて，最も大きい質量を与えるのは分子イオン AB^+ (M^+) であり，その質量が分子量に相当する．分子イオンに相当するピークを分子イオンピークという．分子量だけでなく，分解生成物のイオンの分子量 (A^+，B^+) も，分子の構造を推定する際の重要な手がかりになる．

質量分析計をガスクロマトグラフィーと結合した GC/MS や液体クロマトグラフィーと結合した LC/MS などの装置もある．このようにすることによって，混合物を分離するだけでなく，分離した成分の構造をオンタイムで解析することが可能となる．すなわち，保持時間による同定が困難な成分の構造決定が可能となる．

質量分析法の測定原理

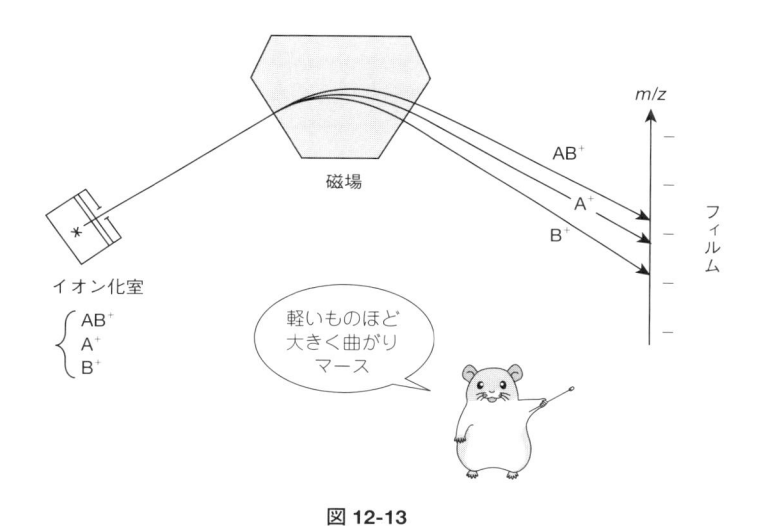

$$A-B \xrightarrow[\text{イオン化}]{-e^-} [A-B]^{+\cdot} \xrightarrow{\text{分解}} \begin{cases} A^+ + B^{\cdot} \\ A^{\cdot} + B^+ \end{cases}$$

分子　　　イオン化　　　　　　　　　　　分解

質量 $A > B$

イオン化室　　　磁場　　　フィルム

$\begin{cases} AB^+ \\ A^+ \\ B^+ \end{cases}$

軽いものほど
大きく曲がり
マース

図 **12-13**

マススペクトル

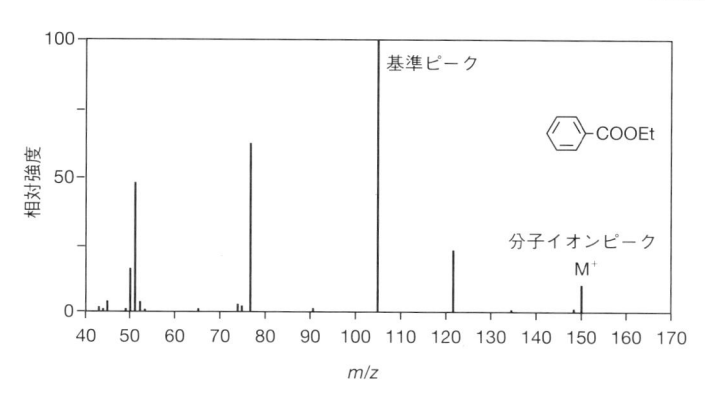

図 **12-14**

第8節 原子吸光分析法

原子吸光分析法は試料中に存在する特定原子の濃度を測定する方法である．

1 原理

原子吸光分析法は，試料を気化させた後，フレーム（炎）で燃焼させ，原子の蒸気を作り，それを分光するものである．

図12-15は，原子吸光分析装置の概念図である．試料を噴霧器で気体状にして燃焼室に送り，空気—アセチレン混合炎などで燃焼する．このようにして作った原子気体の試料に光を照射し，その透過光を分光する．

原子によって吸収する波長帯が異なるので，元素ごとに最も精度良く測定できる波長が決まっている．それらを表12-1に示した．

2 定量法

試料の濃度を測定するには，濃度既知試料を測定することにより作成した**検量線**を用いる．すなわち，図12-16に示したように，何種類かの濃度の標準試料を調製し，それを原子吸光分析して各々の吸光度を求め，標準試料の濃度と吸光度の関係をグラフにする．このようなグラフを一般に検量線という．

濃度未知試料の吸光度を測定し，検量線に吸収係数を外挿することにより，濃度を決定することができる．

---

column　ラマンスペクトル

赤外吸収スペクトル（IRスペクトル）と同じような用途に使われるスペクトルにラマンスペクトルがある．IRスペクトルが試料を透過した赤外線を測定するのに対して，ラマンスペクトルでは試料に当たって散乱（ラマン散乱）した赤外線を測定する．そのため，遠方の雲のスペクトルを測定することも可能である．

一般にラマンスペクトルはIRスペクトルに似たスペクトルになるが，IRスペクトルには現れないピークをも示す．そのため，ラマンスペクトルはIRスペクトルを補う意味も持っている．

原子吸光分析法の測定原理

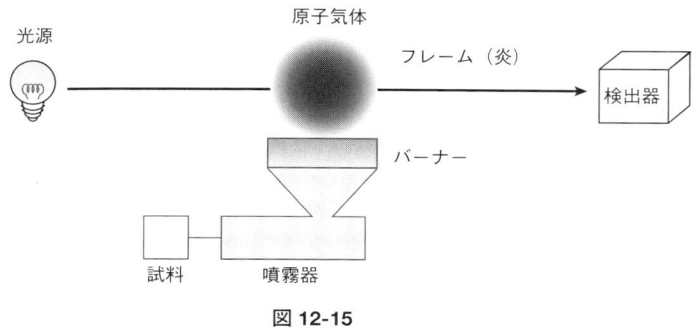

図 12-15

元素	波長 (nm)	元素	波長 (nm)
Au	242.8	Hg	253.7
Ag	328.1	Mg	285.2
Al	309.3	Pb	283.3
Cu	422.7	Sn	224.6
Fe	248.3	Zn	213.9

表 12-1

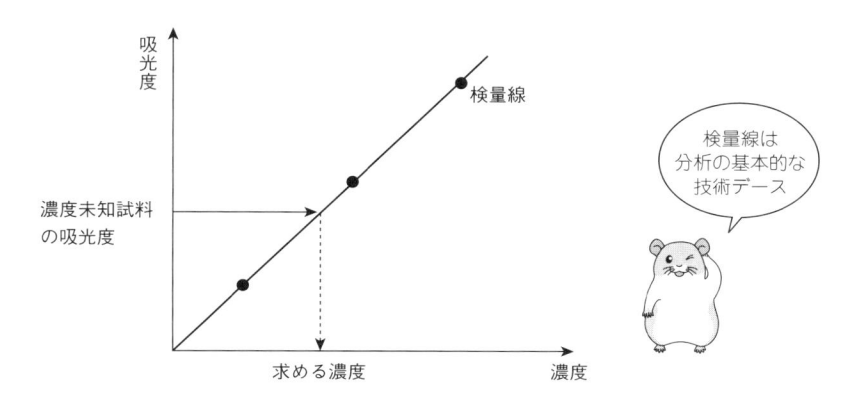

検量線

図 12-16

検量線は分析の基本的な技術デース

| column | **GC の用途** |

　高感度で高精度な GC，GC/MS は，現代のあらゆる方面の分析において活躍している．警察の科学捜査研究所（科捜研）においても活躍している．

　覚せい剤の販売・使用は後を絶たない，困った問題である．覚せい剤は，使用者の身も心もボロボロにし，本人はもとより家族，さらには社会にも重大な被害を及ぼす．その覚せい剤を取り締まるのは警察の重大な使命であり，科捜研もそのために努力している．

　覚せい剤を使用すると尿にその代謝物としてアンフェタミン（A）とメタンフェタミン（M）が現れる．これを検出するのが GC である．服用者の尿を濃縮するなど適当な前処理を行った後，GC で測定すると A と M のピークが現れる．そしてその比は服用後の時間に関係なく常に M のほうが多いという．

　ところが，ある種のダイエット剤を服用した者の尿にも A と M が現れるという．しかし，その比が異なる．A が多いのだという．したがって，A と M の比を測定すれば服用したのが覚せい剤かダイエット剤かは区別できることになる．

　問題はダイエット剤服用者の尿中で A が多いのは服用後 24 時間までで，それ以後は M が多くなるということだ．つまり，服用後 24 時間経過すると，覚せい剤を飲んだのか，ダイエット剤を飲んだのかわからなくなるという．

　服用後 24 時間経過した人の尿を検査して，服用したものが覚せい剤かダイエット剤かを区別するにはどうしたらよいか？

　こういう問題になると，いかに GC，GC/MS といえ，手が出せなくなる．あとは生理学の問題になりそうである．

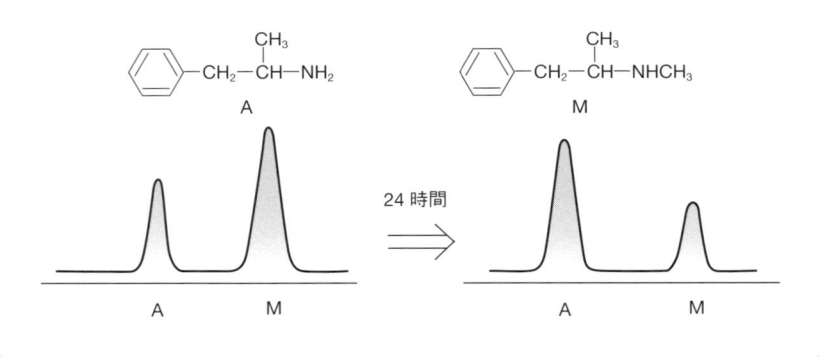

付録 データの取り扱い

付録 データの取り扱い

　自然科学（実験科学）の研究を進めるに当たって観測や測定は欠かせない．実験により得られたデータは何らかの処理を施した後に，解析作業に用いることがほとんどである．このとき，どのようなデータ処理を行うかにより，そのデータの有用性・信頼性は左右される．ここでは，実験で得られたデータの取り扱い方法の基礎を見る．

第1節 正確さ・精度

　分析化学においては，ほとんどの場合，測定結果を値として取り出す．そのため，測定値の正確さ（確度）と精度がきわめて重要になる．

1 正確さ

　真値（真の値）とは標準器などによる取り決めで定められた値や試料の平均値などのことである．しかし，測定により得ようとする値が真値である場合には絶対的な真値を知ることはできないので，真値は仮想的な値となる．
　測定値とは，測定あるいは定量することによって得られた値またはその値を補正した値や平均値である．すなわち，それぞれの測定値が，どのような操作がなされた後の値であるのかを把握しなければならない．
　正確さとは，真値と認められる値と測定値との間の一致の程度をいう．したがって，標準器や標準物質の値に対する測定により得られた値の正確さは測定法や測定装置により決まり，これらの正確さには限界がある．

2 精度

　正確さが真値と測定値の一致の程度であったのに対し，**精度**はある量を複数回測定したときの測定におけるばらつきの程度であり，**再現性**ともいう．測定値がその平均値の近くに集まっているほど精度が高い．しかし，精度が高いからといって正確さが高いとはいえない．たとえば，ある測定装置により再現性の良い値が得られたとしても，真値からのずれをもたらす何らかの設定が装置自体になされていれば，この装置の精度は高いが正確さは低いということになる．

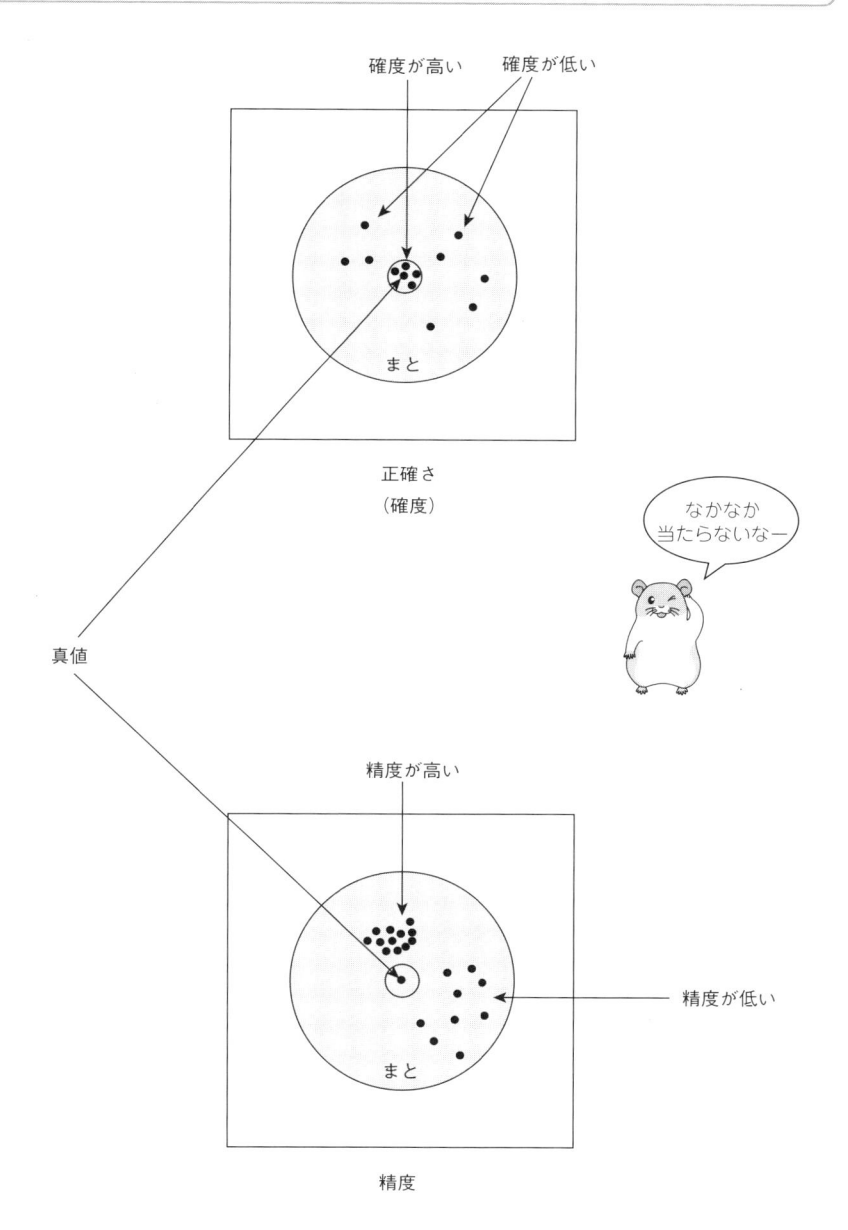

正確さ（確度）と精度

確度が高い　確度が低い

まと

正確さ
（確度）

なかなか
当たらないなー

真値

精度が高い

精度が低い

まと

精度

第2節 有効数字

電卓が普及してから科学計算にかかる時間は飛躍的に短縮された．まさにボタンを押すだけで四則演算はもちろん対数や各種関数計算，さらにプログラムを組みさえすれば代数計算のほとんどが電卓まかせにできるほどである．学生により提出された学生実験のレポートなどを見ると，電卓のお世話になって求めたと思われる数字が 6 桁，7 桁と延々と続いていて，あたかも非常に精度の高い測定をしたかのような錯覚に陥る．実験の測定値と計算段階における有効数字の取り扱いに関する考慮が足りない点が問題である．

1 有効数字とは

分析実験において測定をする場合には，一連の測定操作のうち最も精度の低い操作が何であり，その操作の精度はどの程度であるのかをまず把握しておくことが重要である．つまり，一連の操作において最も精度が低いものを基準として，その測定結果の有効数字が決まるのである．

たとえば，調製した標準試料を用いて検量線を作成する際は，標準試料の秤量誤差を考慮したときの試料量と装置の精度との関係で有効数字が決まる．標準試料の調製時の秤量値が 1.0024 g であっても，小数点以下第 4 位が変動する場合には 1.002 g とし，有効数字は 4 桁となる．一方，測定装置の精度が ± 0.1 % である場合には 1.00 g とし，有効数字は 3 桁となる．

2 計算における有効数字

かけ算・割り算

測定値のかけ算や割り算による計算結果では，小数点の位置にかかわらず，（測定値のうち）計算段階で最も桁数の小さなもので有効数字が決まる．有効数字より 1 桁余分に求めておいて，最小桁を四捨五入する．

足し算・引き算

かけ算・割り算とは異なり，小数点の位置により有効数字が決まるが，この場合も有効数字より 1 桁余分に計算しておいて最小桁を四捨五入する

端数の丸め（四捨五入）

有効数字の次の桁が 5 より大きい場合は切り上げられ，5 より小さい場合には切り捨てられる．5 の場合には最も近い偶数に切り上げまたは切り捨てられる．

有効数字

$$12340,\ 1234,\ 123.4,\ 12.34,\ 1.234,\ 0.1234,\ 0.01234$$
$$\|\qquad\qquad\qquad\qquad\qquad\qquad\qquad\qquad\qquad\qquad\|$$
$$1.234\times10^4\qquad\qquad\qquad\qquad\qquad\qquad\qquad 1.234\times10^{-2}$$

これらの数字の有効数字は **4 桁**

計算における有効数字

かけ算・割り算

$1567\times123=192741$

有効数字は"123"の 3 桁で決まるので答えは 4 桁目を四捨五入して 1.93×10^5.
桁数を決める数字を**キーナンバー**という.

$0.1234\times532=65.6488$

532 がキーナンバーなので答えは 3 桁の 65.6 となるが，65.6 はキーナンバー（532）より小さいので 65.6_5 と 1 桁余分に 5 桁目を四捨五入した数字を添え字としてつける.

$$4.567\times12.3\div(5.321\times0.2563)=41.19023388\cdots$$

キーナンバーが 12.3 なので，答えは 4 桁目を四捨五入して 41.2 となる

足し算・引き算

```
    102.5 67
     23.1 23456
    263.1
 +   89.2 25
   ─────────
    478.0 15456
```

263.1 が小数点以下第 1 位にあるので，答えはこの桁に合わせて 478.0 となる.

端数の丸め（四捨五入）

・有効数字の次の桁の数字が 5 より大きいとき⇒有効数字の最終桁は 1 大きな数字になる.
・有効数字の次の桁の数字が 5 より小さいとき⇒有効数字の最終桁は変わらない.
・有効数字の次の桁の数字が 5 のとき⇒有効数字の最終桁は最も近い偶数になる.

有効数字が 4 桁のとき
8.2445→8.244,　8.2455→8.246

[G. D. Chistian 著，原口紘炁ほか訳，原著第 6 版，クリスチャン分析化学Ⅰ・基礎編，pp.85-91，丸善（2005）より改変]

第3節 誤差

誤差とは真値を測定値から引いた値と定義されるが，真値そのものが明確でないために取り扱いは困難である．測定実験における誤差には大きく分けて系統誤差と偶然誤差がある．

1 系統誤差

原因がはっきりしていると考えられる誤差を**系統誤差**という．系統誤差では真値から一定の方向に測定値が偏っており，しばしば再現性を示す．そのために，測定法などを変えることによりある程度，誤差の発生を予知することが可能である．系統誤差には測定器や測容器の誤差，個人の操作による誤差，試薬や作製した沈殿に含まれる不純物などによる誤差などがある．これらは機器誤差，方法誤差，操作誤差に分類される．

また，系統誤差の中にも，試薬量に関係なく同様の操作を行ううえで生じる一定の誤差を特に**固定誤差**というが，この値は測定値が大きくなるに従い，誤差の相対値が低下するという特徴がある．滴定時に加える指示薬による誤差などがこれに当たる．一方，誤差の占める割合が測定値に比例して増減する**比例誤差**もあるが，これは試薬に含まれる不純物などが原因である場合が多い．

2 偶然誤差

特に規則性がなく，予知することも原因を知ることもできないような制御不能な不規則誤差を**偶然誤差**という．このような誤差にはしばしば統計的処理が適用される．つまり，測定を複数回繰り返して測定値のばらつきを度数分布として表す．測定数が多いほど度数分布は正規分布に近づく．正規分布曲線（図）が得られれば次式の μ よりおおよその値を求めることができる．

$$y = \frac{1}{\sigma\sqrt{2\pi}} \exp\left[-\frac{(x-\mu)^2}{2\sigma^2}\right]$$

ここで y は相対度数（ランダムに値を取り出したとき，その値が x となる回数），μ は母集団の平均値（測定量の正しい値と考えてもよい），σ は標準偏差（次節参照）である．

系統誤差

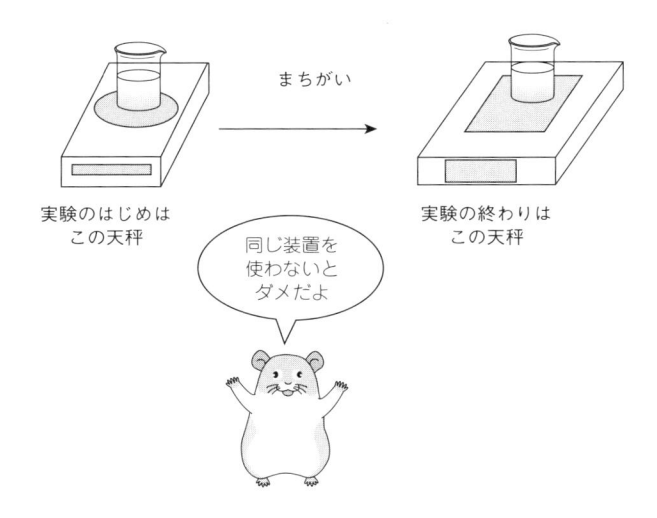

実験のはじめは
この天秤

まちがい

実験の終わりは
この天秤

同じ装置を
使わないと
ダメだよ

1回の測定実験のうちで異なる測定機器を使うと，測定機器間の誤差がそのまま測定誤差として現れる．

偶然誤差

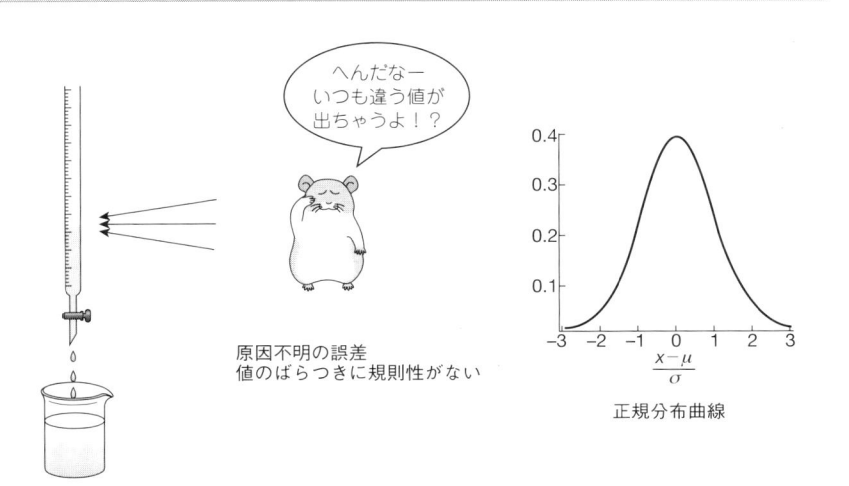

へんだなー
いつも違う値が
出ちゃうよ！？

原因不明の誤差
値のばらつきに規則性がない

$\dfrac{x-\mu}{\sigma}$

正規分布曲線

第3節◆誤差

第4節 標準偏差

　分析実験において複数回同じ測定を行ったときの，それぞれの測定値の平均値（本来は真値）からのばらつき（誤差）の程度を表した値が標準偏差である．測定の精度を数値で具体的に示した指標ともいえる．

1 平均値

　分析化学の測定では，同じ装置や同じ手法により，同一の被検体を複数回測定することは一般に行われることである．こうして得られた測定値は統計学的には**母集団**と呼ばれる．測定により求めようとしている値は第1節で見た真値ではあるが，真値はどのような方法をもってしても絶対に知り得ない値であることは先に触れた．

　そこで，真値に代わる値として n 回の測定での平均値が用いられる．n 回目の測定値を x_n とすると，n 回の測定値の平均値 $\bar{x}$ は次のように求められる．

$$\bar{x} = \frac{x_1 + x_2 + \cdots x_{n-1} + x_n}{n} = \frac{\sum x_i}{n}$$

2 標準偏差

　それぞれの測定値と真値 μ との差を誤差というが，たいていの場合この誤差は，測定の度に0を境として正と負にばらつく．そして，そのばらつきの平均値を求めるためにばらつきの和をとると正負の和となってほとんど0となってしまう．そこで，誤差のばらつきの程度を示す指標として標準偏差が用いられる．標準偏差 σ は，誤差を二乗して誤差をすべて正の値として足し合わせたものの平均値の平方根をとったものである．

$$\sigma = \sqrt{\frac{(x_1 - \mu)^2 + (x_2 - \mu)^2 + \cdots (x_{n-1} - \mu)^2 + (x_n - \mu)^2}{n}} = \sqrt{\frac{\sum (x_i - \mu)^2}{n}}$$

ただし，実際の測定では真値 μ より平均値 $\bar{x}$ のほうが現実的である．そのため，値のばらつきの指標として一般には次式で表される推定標準偏差 s が用いられる．この s は測定を限りなく繰り返すことで σ に限りなく近づく．

$$s = \sqrt{\frac{(x_1 - \bar{x})^2 + (x_2 - \bar{x})^2 + \cdots (x_{n-1} - \bar{x})^2 + (x_n - \bar{x})^2}{n-1}} = \sqrt{\frac{\sum (x_i - \bar{x})^2}{n-1}}$$

平均値と標準偏差

例題 1

ある物質の質量を 5 回測定したところ，測定値は 1.22 g，1.34 g，1.20 g，1.27 g，1.30 g であった．このときの平均値と（推定）標準偏差を求めよ．

解答例

平均値 $\bar{x}$ は

$$\bar{x} = \frac{1.22 + 1.34 + 1.20 + 1.27 + 1.30}{5} = 1.266 \approx 1.27$$

であり，標準偏差は次のように計算できる．

$$s = \sqrt{\frac{(1.22 - 1.27)^2 + (1.34 - 1.27)^2 + (1.20 - 1.27)^2 + (1.27 - 1.27)^2 + (1.30 - 1.27)^2}{5 - 1}}$$

$$= \sqrt{\frac{1.32 \times 10^{-2}}{4}} = 5.74 \times 10^{-2} \approx 0.06$$

したがって，この測定における測定値は標準偏差を考慮して，1.27 ± 0.06 g となる．

例題 2

ある滴定を行ったところ，12.33 mL，12.53 mL，12.21 mL，12.25 mL，12.30 mL，12.09 mL，12.32 mL，12.25 mL であった．このときの滴定値を求めよ．

解答例

滴定値のばらつきの程度から，最も大きな値 12.53 mL と最も小さな値 12.09 mL を除いた 6 回の値の平均値 $\bar{x}$ と標準偏差 s を考慮すると次のような値となる．

$$\bar{x} = \frac{12.33 + 12.21 + 12.25 + 12.30 + 12.32 + 12.25}{6} = 12.276 \approx 12.28$$

$$s = \sqrt{\frac{0.0025 + 0.0049 + 0.0009 + 0.0004 + 0.0016 + 0.0009}{6 - 1}}$$

$$= \sqrt{2.24 \times 10^{-3}} = 4.7 \times 10^{-2} \approx 0.05$$

よって，測定値は 12.28 ± 0.05 となる．

比較として，12.53 mL と 12.09 mL を加えて計算すると次のようになる．

$$\bar{x} = \frac{12.33 + 12.53 + 12.21 + 12.25 + 12.30 + 12.09 + 12.32 + 12.25}{8} = 12.285 \approx 12.29$$

$$s = \sqrt{\frac{0.0016 + 0.0576 + 0.0064 + 0.0016 + 0.0001 + 0.0400 + 0.0009 + 0.0016}{8 - 1}}$$

$$= \sqrt{1.00 \times 10^{-2}} = 0.100 \approx 0.10$$

これらの値より，測定値は 12.29 ± 0.10 mL となる．これは極端な場合であるが，ほかの値と大きく異なる測定値が得られたときは，これらの測定値の最大値と最小値を除いて計算したほうが標準偏差の小さな（ばらつきの少ない）値が得られる場合が多い．

第5節 最小二乗法

　機器分析などで分析化学の測定を行う場合，あらかじめ既知濃度の標準試料を用いればコンピュータが自動的に検量線を作成してくれることがよくある．しかし，機器分析以外では現在でも計算により検量線を作成する機会は多い．ここでは直線の検量線の作成の原理について説明しよう．

1 最小二乗法

　測定データの点をグラフ上に描き（プロットするという），目測で線を引いても正しい検量線を作成することはできない．グラフの横軸の値 x と縦軸の値 y が直線関係を持つ場合には最小二乗法という数学的処理を用いれば良好な一次式 $y = mx + b$ を得ることができる．つまり，ある測定データの点 x_i における複数の測定点 y_i の直線からのずれの二乗の合計が最小となる直線が最も信頼性のおけるものとなる．そのためには，次の式で表される値 s が最小となるような m と b を求めればよい．

$$s = \sum \{y_i - (m\bar{x} + b)\}^2$$

この s を変数 m と b の関数として，それぞれについて s の偏微分が 0 となるように m と b を決めると次のように表される．

$$m = \frac{n\sum x_i y_i - \sum x_i \sum y_i}{n\sum x_i^2 - \left(\sum x_i\right)^2} \qquad b = \bar{y} - m\bar{x}$$

2 相関係数

　最小二乗法により求められた直線の式の信頼性，すなわち測定データがどれだけ得られた直線に近い数式であるかを表す尺度に相関係数 r がある．相関係数 r は -1 と 1 の間の値をとる．r は次のような式で表される．また，決定係数 r^2 は直線の相関性を表す便利な尺度としてよく用いられ，この値が 1 に近いほど測定値のばらつきが少ないことを意味する．

$$r = \frac{\sum x_i y_i - n\bar{x}\bar{y}}{\sqrt{\left(\sum x_i^2 - n\bar{x}^2\right)\left(\sum y_i^2 - n\bar{y}^2\right)}}$$

最小二乗法と相関係数

例題

色素Aのアセトン溶液の 628 nm における吸光度が 0.854 であった．この溶液中の色素Aの濃度を調べるために，検量線を作成する目的で測定を行ったところ，次のような値を得た．この溶液中に含まれる色素Aの濃度を求めよ．あわせて，この波長における色素Aのモル吸収係数 ε も求めよ．

色素Aの濃度 (x_i) (10^{-4} mol/L)	0	0.100	0.200	0.400	0.800
吸光度 (y_i)	0	0.157	0.315	0.631	1.266
x_i^2 の値	0	0.0100	0.0400	0.1600	0.6400
$x_i y_i$ の値	0	0.157	0.0630	0.2524	1.012

解答例

これらの値を用いると検量線の傾き m と切片 b は次のように求めることができる．

$$m = \frac{n\sum x_i y_i - \sum x_i \sum y_i}{n\sum x_i^2 - \left(\sum x_i\right)^2}$$

$$= \frac{5\times(0.0157+0.0630+0.2524+1.012) - (0.100+0.200+0.400+0.800)\times(0.157+0.315+0.631+1.266)}{5\times(0.0100+0.0400+0.1600+0.6400) - (0.100+0.200+0.400+0.800)^2}$$

$$= 1.581$$

$$b = \bar{y} - m\bar{x}$$

$$= \frac{0.157+0.315+0.631+1.266}{5} - 1.581\times\frac{0.100+0.200+0.400+0.800}{5}$$

$$= -0.0005 \approx -0.001$$

よって，検量線の方程式は $y = 1.581\times10^4 x - 0.001$ となる．
この結果より，この波長における色素Aのモル吸収係数 ε は 1.581×10^4 である．
また，この溶液に含まれる色素Aの濃度は，

$$0.854 = 1.581\times10^4 x - 0.001$$
$$x = 5.4079\times10^{-5} \approx 5.408\times10^{-5} \text{ mol/L}$$

より，5.408×10^{-5} mol/L である．

さらにこの直線の相関係数 r，ならびに決定係数 r^2 は，

$$r = \frac{\sum x_i y_i - n\bar{x}\bar{y}}{\sqrt{\left(\sum x_i^2 - n\bar{x}^2\right)\left(\sum y_i^2 - n\bar{y}^2\right)}}$$

$$= \frac{(0.0157+0.0630+0.2524+1.012) - 5\times 0.300\times 0.4738}{\sqrt{\{0.850 - 5\times(0.300)^2\}\{(0.0246+0.0992+0.3982+1.6028) - 5\times(0.4738)^2\}}}$$

$$= 0.999_2$$

よって，$r^2 = 0.998_4$

索　引

欧文索引

HOMO　156
HSAB 理論　22
LUMO　156

NMR　164
pH　24

和文索引

ア

アレニウスの定義　16
イオン移動度　128
イオン化傾向　80
イオン強度　10
イオン交換クロマトグラフィー　152
イオン交換剤　152
イオン交換樹脂　152
異種イオン効果　38
一次標準溶液　106
一重項励起状態　160
液性　24
液体クロマトグラフィー　150
エレクトロフェログラム　128
塩　28
塩基解離定数　26
塩基性塩　28
塩橋　86
炎色反応　50
温浸　98

カ

拡散電流　124
核磁気共鳴分光法　164
確度　172
ガスクロマトグラフィー　148
活量　12
活量係数　12
過飽和溶液　34
空軌道　20
カラムクロマトグラフィー　146
緩衝溶液　32
機器誤差　176
基底状態　160
ギブズ自由エネルギー　88
吸着層　146

共沈　98
共通イオン効果　38
共沸　138
共役塩基　18
共役酸　18
極大吸収波長　156
キレート効果　70
キレート滴定　112
均一沈殿法　100
偶然誤差　176
クロマトグラフィー　144
蛍光　160
系統誤差　176
決定係数　180
原子吸光分析法　168
検量線　168
高速液体クロマトグラフィー　150
後沈　98
誤差　176
固定誤差　176
固溶体　98
混晶　98

サ

サイクリックボルタモグラム　126
サイクリックボルタンメトリー　126
再結晶　140
再現性　172
錯形成反応　64
錯生成反応　64
錯体　60
酸解離定数　26
酸化還元滴定　90
酸化数　78
三重項励起状態　160
三重点　136
酸性塩　28

紫外可視分光法　156
指示薬　30, 42
質量スペクトル　166
質量百分率　4
質量分析法　166
質量モル濃度　4
重量分析　94
出用器具　104
受用容器　104
条件生成定数　114
蒸留　136, 138
真値　172
水素イオン指数　24
水和　2
スペクトル　154
スペクトル解析　158
正塩　28
正確さ　172
生成定数　66
精度　172
赤外吸収スペクトル　162
赤外分光法　162
遷移　156
全生成定数　66
相関係数　180
操作誤差　176
相図　136
測定値　172
測容器　104

タ

ダニエル電池　86
逐次生成定数　66
抽出　132
中和　28
中和滴定　30
超臨界状態　136
沈殿滴定　42
沈殿平衡　34
滴定　30
滴定曲線　30, 108
電位差滴定　122
電位差分析法　120
電解質　6
電解質効果　10
展開溶媒　146
電気泳動　128

電子供与性化学種　60
電子受容性化学種　60
電離　6
当量点　30

ナ

二次標準溶液　106
熱力学的溶解度積　36
ネルンストの式　88, 118
濃淡電池　120
濃度溶解度積　36

ハ

配位結合　20, 60
配位子置換反応　64
半電池　86
反応速度　8
半波電位　124
非共有電子対　20, 60
標準水素電極　86
標準電極電位　86
標準偏差　178
標準溶液　106
標定　106
比例誤差　176
ファヤンス法　110
ファラデーの法則　118
ブレンステッドの定義　18
分極　84
分属　46
分配係数　134
平衡　8
ペーパークロマトグラフィー　144
方法誤差　176
ポーラログラフィー　124
ポーラログラム　124
保持時間　148
母集団　178
ポテンシオメトリー　124
ボルタ電池　84
ボルタンメトリー　124

マ

マススペクトル　166
水のイオン積　24
モール法　110
モル吸光係数　158

モル濃度　4
モル分率　4

ヤ

有機錯形成剤　96
有効数字　174
溶液　2
溶解　2
溶解度　34
溶解度曲線　34
溶解度積　36
溶解熱　6

溶解平衡　34
溶質　2
溶媒　2
溶媒和　2, 62
容量分析　30

ラ

ランベルト-ベールの式　158
臨界点　136
りん光　160
ルイスの定義　20
励起状態　160

著者紹介

齋藤 勝裕(さいとう かつひろ)　理学博士
　1974年　東北大学大学院理学研究科博士課程修了
　　　　　名古屋工業大学名誉教授
　専　門　有機化学，物理化学，光化学

坂本 英文(さかもと ひでふみ)　工学博士
　1987年　大阪大学大学院工学研究科博士課程修了
　現　在　和歌山大学システム工学部教授
　専　門　工業分析化学，ソフトマテリアル，超分子化学

NDC433　　192p　　21cm

絶対わかる化学シリーズ

絶対わかる分析化学

2007年8月20日　第1刷発行
2023年8月18日　第7刷発行

著　者　齋藤 勝裕(さいとう かつひろ)・坂本 英文(さかもと ひでふみ)
発行者　髙橋明男
発行所　株式会社　講談社
　　　　〒112-8001　東京都文京区音羽2-12-21
　　　　　販　売　(03) 5395-4415
　　　　　業　務　(03) 5395-3615
編　集　株式会社　講談社サイエンティフィク
　　　　代表　堀越俊一
　　　　〒162-0825　東京都新宿区神楽坂2-14　ノービィビル
　　　　　編　集　(03) 3235-3701
印刷所　株式会社平河工業社
製本所　株式会社国宝社

落丁本・乱丁本は，購入書店名を明記のうえ，講談社業務宛にお送り下さい．送料小社負担にてお取替えします．なお，この本の内容についてのお問い合わせは，講談社サイエンティフィク宛にお願いいたします．定価はカバーに表示してあります．

© Katsuhiro Saito and Hidefumi Sakamoto, 2007

本書のコピー，スキャン，デジタル化等の無断複製は著作権法上での例外を除き禁じられています．本書を代行業者等の第三者に依頼してスキャンやデジタル化することはたとえ個人や家庭内の利用でも著作権法違反です．

JCOPY　〈(社)出版者著作権管理機構　委託出版物〉

複写される場合は，その都度事前に(社)出版者著作権管理機構(電話03-5244-5088, FAX 03-5244-5089, e-mail: info@jcopy.or.jp)の許諾を得て下さい．

Printed in Japan

ISBN978-4-06-155061-2

講談社の自然科学書

わかりやすく おもしろく 読みやすい
絶対わかる化学シリーズ

絶対わかる 高分子化学
齋藤 勝裕／山下 啓司・著
A5・190頁・定価2,640円

絶対わかる 有機化学
齋藤 勝裕・著
A5・206頁・定価2,640円

絶対わかる 無機化学
齋藤 勝裕／渡會 仁・著
A5・190頁・定価2,640円

絶対わかる 物理化学
齋藤 勝裕・著
A5・190頁・定価2,640円

絶対わかる 化学の基礎知識
齋藤 勝裕・著
A5・222頁・定価2,640円

絶対わかる 分析化学
齋藤 勝裕／坂本 英文・著
A5・190頁・定価2,640円

講談社サイエンティフィク　https://www.kspub.co.jp/　「2023年7月現在」